职业教育课程改革系列教材

三维动画制作 3ds Max 9
案 例 教 程

向华　主编

電子工業出版社·

Publishing House of Electronics Industry

北京·BEIJING

内 容 简 介

本书是为适应中等职业学校培养计算机应用及软件技术领域技能紧缺人才的需要而编写。全书采用任务驱动模式，提出了 28 个兼具实用性与趣味性的具体任务，介绍 3ds Max 9 在建模、材质、灯光、摄像机和动画等方面的基本使用方法和操作技巧。通过大量的工作任务实施和上机实战训练，突出了对实际操作技能的培养。

本书附有一张配套光盘，为"三维动画"课程的教学提供了方便。其中的"任务相关文档"文件夹提供了各章所有任务的实施结果及相关素材；"场景"文件夹提供了完成部分任务以及上机实战所需要的场景文件；"实战"文件夹提供了上机实战的操作结果；"材质"文件夹则提供了各类常用材质贴图。

本书既可作为中等职业学校有关专业的"三维动画"教材，也可作为相关培训教材和三维动画爱好者的自学参考书。

图书在版编目（CIP）数据

三维动画制作 3ds Max 9 案例教程 / 向华主编. —北京：电子工业出版社，2011.6

职业教育课程改革系列教材

ISBN 978-7-121-12965-0

Ⅰ. ①三… Ⅱ. ①向… Ⅲ. ①三维－动画－图形软件，3DS MAX 9.0、VRay 1.5 RC3－专业学校－教材
Ⅳ. TP391.41

中国版本图书馆 CIP 数据核字（2011）第 024606 号

策划编辑：关雅莉

责任编辑：郝黎明　　　　　文字编辑：裴杰

印　　刷：涿州市京南印刷厂

装　　订：涿州市桃园装订有限公司

出版发行：电子工业出版社

　　　　　北京市海淀区万寿路 173 信箱　邮编　100036

开　　本：787×1 092　1/16　印张：17.5　字数：448 千字　彩插：2

印　　次：2011 年 6 月第 1 次印刷

印　　数：3 000 册　　定价：34.00 元（含 CD 光盘 1 张）

凡所购买电子工业出版社图书有缺损问题，请向购买书店调换。若书店售缺，请与本社发行部联系，联系及邮购电话：（010）88254888。

质量投诉请发邮件至 zlts@phei.com.cn，盗版侵权举报请发邮件至 dbqq@phei.com.cn。

服务热线：（010）88258888。

前　言

　　3ds Max 是一种非常流行的专业三维动画制作软件，在动画、多媒体、游戏、影视、广告和效果图设计等领域有着广泛的应用。目前，在中职、高职高专等各种层次的计算机应用、软件技术和数码娱乐等专业，均将三维动画制作设置为专业必修课之一。

　　本教材是为适应中等职业学校培养计算机应用及软件技术领域技能紧缺人才的需要而编写的，其使用对象为三维动画的初学者。本书介绍了 3ds Max 9 中文版的基本使用方法和操作技巧，在编写上具有以下特色：

　　1．采用任务驱动模式

　　全书共提出了 28 个工作任务。每章按知识体系划分为若干节，而每一节则以一个涵盖相关知识点的工作任务为引领，提出了明确的任务目标和任务内容，并通过制作思路分析和图文并茂的操作步骤来完成任务的实施。同时，在完成每一个工作任务的基础上，再归纳任务所涉及的各个知识点，以及知识点的扩展应用。

　　2．强调实际操作技能的训练

　　本书在每一章的末尾，均通过"上机实战"给出了目标明确的上机操作任务，其中，针对每个上机任务指出了技能训练重点，突出了对实际操作能力的培养。每章末尾的"习题与训练"部分，除了填空题和问答题之外，还布置了一个不带提示的操作题，以给学生提出必要的挑战，充分调动其学习积极性。

　　本教材在编写上力求做到语言简洁、图示详细。在工作任务的设计上既注重对相关知识点的涵盖，又注重实用性、趣味性及可拓展性。在各个效果图的展示方面则尽可能做到构图及色彩的协调和完美。

　　为了给教学提供方便，本书附有一张配套光盘，其中的"任务相关文档"文件夹提供了各章所有任务的实施结果及相关素材，"场景"文件夹提供了完成部分任务及上机实战所需要的场景文件，"实战"文件夹提供了上机实战的操作结果，"材质"文件夹则提供了各类常用材质贴图。

　　本书的第 1～6 章由成都职业技术学院的向华副教授编写，第 7～9 章由成都职业技术学院的曾敏老师编写。成都职业技术学院计算机系的周察金、李扬、刘静、张渝、文静、汪剑、李伟、牟奇春等老师对本书的编写给予了许多帮助，并为本书的图片处理和校对做了大量的工作，在此表示衷心的感谢！

　　由于编者水平有限，书中疏漏和不足之处难免，敬请读者批评指正。

编　者

目　录

第1章 体验 3ds Max 9

【内容导读】

3ds Max 是一个非常优秀并享有盛誉的三维动画制作软件，其功能集建模、材质、场景设计、动画制作于一体。3ds Max 广泛应用于影视广告的设计与制作、建筑装潢设计与制作、工业设计、影视特效、虚拟现实场景设计等领域。

本章重点展示 3ds Max 9 中文版的概貌，并通过两个简单的入门动画介绍 3ds Max 9 的基本功能、一般工作流程和工作界面，以及选择对象、变换对象、克隆对象等最常用和最基本的操作。

【知识要点】

1. 3ds Max 9 的一般工作流程。
2. 3ds Max 9 中文版的工作界面。
3. 对象的选择。
4. 对象的变换（即对象的移动、旋转和缩放）。
5. 对象的克隆。

【任务一览】

任务1：制作晚间新闻片头动画——3ds Max 9 的基本工作流程
任务2：制作两个大红灯笼旋转的动画——3ds Max 9 的基本操作

1.1 任务 1：制作晚间新闻片头动画——3ds Max 9 的基本工作流程

1.1.1 任务实施

【任务目标】

1. 认识 3ds Max9 是一个怎样的软件，了解其主要功能。
2. 了解 3ds Max 9 的一般工作流程。
3. 熟悉 3ds Max 9 中文版的工作界面，掌握命令面板的基本操作方法。

【任务内容】

制作红色的三维文字"晚间新闻"在星空背景中逐渐放大的动画，具体效果请参见本书配套光盘上"任务相关文档"文件夹中的"任务 1.max"和"任务 1.avi"文件，其静态渲染效果如图 1-1 所示。

图 1-1 星空背景下的"晚间新闻"三维文字的静态渲染效果

【制作思路】

（1）创建"晚间新闻"文本图形，再通过"挤出"编辑修改器将该文本图形转变成三维模型。选择一副星空图片作为渲染背景。

（2）使用缩放工具制作三维文字由小逐渐放大的动画效果。

【操作步骤】

1. 启动 3ds Max 9

双击 Windows 桌面上的 3ds Max 9 图标，即可启动 3ds Max 9，进入其主界面，如图 1-2 所示。

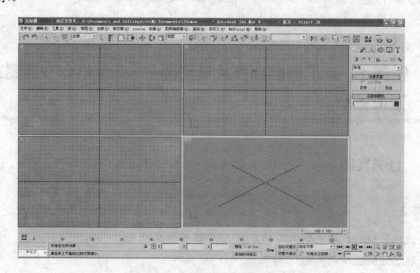

图 1-2 3ds Max 9 中文版的主界面

2．创建模型

（1）创建文字的二维模型。单击屏幕右边命令面板上方的"图形"按钮 ，然后在"对象类型"卷展栏中单击"文本"按钮，这时，该按钮呈黄色显示，表示处于选中状态。在"参数"卷展栏的文本输入框中输入"晚间新闻"四个字，再在字体列表框中选择"隶书"，并设置"大小"为"60"，如图 1-3 所示。

图 1-3　二维文字参数的设置

（2）将光标移到前视图中，这时光标变成"十"字形状。单击鼠标左键后，二维文字图形"晚间新闻"即出现在视图中，如图 1-4 所示。

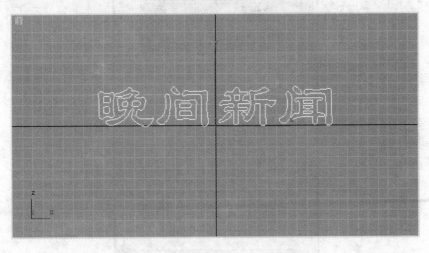

图 1-4　"晚间新闻"二维文字图形

（3）将二维文字图形变成三维模型。确认文字图形被选定，单击命令面板上方的"修改"按钮 ，再单击"修改器列表"右侧的下拉按钮，然后选择其中的"挤出"命令。"挤出"命令的有关参数即出现在命令面板下方的"参数"卷展栏中。设置"数量"的值为15，这时二维文字即转变成三维模型，如图 1-5 所示。

（4）重命名三维文字模型。确定文字模型被选定，在屏幕右边的"修改器列表"上方，将文字模型原来的名字"Text01"更名为"文字"，如图 1-6 所示。

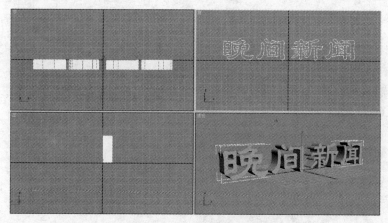

图 1-5　三维文字效果　　　　　　　　　　图 1-6　重命名三维文字模型

3．指定材质

（1）在任一视图中选择文字模型，然后单击工具栏右侧的"材质编辑器"按钮，打开如图 1-7 所示的"材质编辑器"窗口。

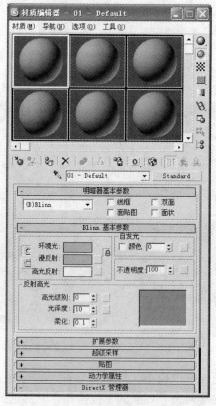

图 1-7　"材质编辑器"窗口

（2）单击示例球列表下方的"将材质指定给选定对象"按钮　，这样，就把示例球所示的材质指定给了文字模型。从视图中可以看到，文字模型变成了与第一个示例球相同的灰色。

（3）在"Blinn 基本参数"卷展栏中，单击"漫反射"色样，打开如图 1-8 所示的"颜色选择器"，将漫反射颜色调整为"红色"，然后关闭"颜色选择器"。可以看到，材质编辑器中的第一个示例球颜色变成了红色，同时，视图中的文字模型也变成了红色。

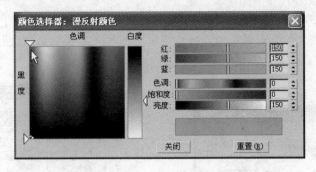

图 1-8　颜色选择器

（4）关闭材质编辑器。

4．创建摄像机

（1）单击命令面板上方的"创建"按钮 ，打开"创建"面板。再单击"摄像机"按钮 ，打开"创建/摄像机"面板。

（2）单击"对象类型"卷展栏中的"目标"按钮，把光标移到顶视图的下方，再按下鼠标左键向视图中间拖动鼠标，当"十"字光标定位在三维文字处时，放开左键结束操作。

（3）激活透视图，按【C】键使该视图切换成摄像机视图（注意该视图左上角的"透视"变成了摄像机名"Camera01"）。摄像机视图相当于现实生活中照相机或摄像机的取景框，可以从中观察到拍摄对象。

（4）调整摄像机的位置。单击工具栏中的"选择并移动"按钮 ，参照图 1-9，在前视图或左视图中向上移动摄像机的位置。移动摄像机时注意观察 Camera01 视图，可以发现，当摄像机的位置发生改变时，摄像机视图会随之发生变化。

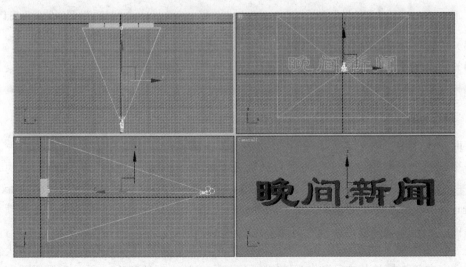

图 1-9　摄像机的位置

5．设置渲染背景

（1）执行"渲染→环境"菜单命令，打开"环境和效果"对话框。在"背景"栏中，单击【无】按钮，如图 1-10 所示。

（2）在弹出的"材质/贴图浏览器"窗口中，双击如图 1-11 所示的"位图"。然后在弹出的"选择位图图像文件"对话框中选择一幅星空图片（本书配套光盘上的文件"任务相关文档\素材\星空.jpg"）作为动画的背景。

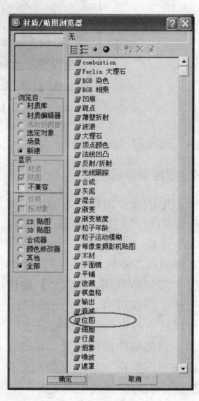

图 1-10　"环境和效果"对话框　　　　　　　图 1-11　"材质/贴图浏览器"窗口

（3）关闭"环境和效果"对话框。

（4）观察场景的渲染效果。单击 Camera01 视图，再单击工具栏中的"快速渲染"按钮，渲染 Camera01 视图。

6．制作动画

下面开始制作三维文字由小逐渐放大的动画。

一个动画由若干幅动作连续的画面（称为"帧"）组成，注意观察左视图下方的时间滑块 ，表示动画的总帧数为 100 帧，当前帧是第 0 帧。在 3ds Max9 中制作动画时，并不需要逐一设置好动画过程中的每一帧，而只需设置关键动作所在的帧（关键帧）就可以了，系统会自动生成关键帧之间的过渡画面。

在三维文字放大的动画中，有两个关键动作，第一个是文字放大之前的起始状态，这是三维文字在第 0 帧的状态；第二个关键动作是文字放大后的状态。所以，只需要在动画的录制过程中，在第 0 帧处将文字缩小，再在第 100 帧处将文字放大即可。

（1）单击 Camera01 视图下方的"自动关键点"按钮，使该按钮变成深红色，进入动画录制状态。

（2）单击工具栏中的"选择并均匀缩放"按钮，再把光标移到前视图的文字模型处，按下鼠标左键向下拖动鼠标，使文字模型缩小。

（3）向右拖动左视图下方的时间滑块 0 / 100 至时间轴的最右端，使上面的数字变为 100 / 100 ，也就是使当前帧变成第 100 帧。

（4）确认工具栏中的"选择并均匀缩放"按钮被按下。在前视图中将光标移到文字模型处，再按下鼠标左键向上拖动鼠标，使文字模型放大。

（5）单击"自动关键点"按钮，使之恢复成灰色，结束动画的录制。

（6）预览动画。激活 Camera01 视图，再单击屏幕右下方的"播放动画"按钮预览动画效果，这时 Camera01 视图中的三维文字开始由小逐渐放大，同时 按钮变成了 。单击 按钮即可停止动画的播放。

7．渲染动画

从摄像机视图中预览动画效果时，只能观察到三维文字的动作，而看不到背景图像等细节。下面，通过渲染动画来生成一个动画文件，播放动画文件时，就能够欣赏到完整的画面了。

（1）激活 Camera01 视图，单击位于工具栏右侧的"渲染场景对话框"按钮，弹出如图 1-12 所示的"渲染场景"对话框。

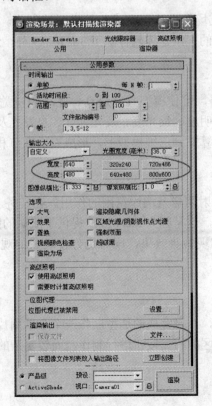

图 1-12　"渲染场景"对话框

（2）在对话框的"时间输出"栏中，选择"活动时间段"选项，表示渲染的范围从第 0 帧至第 100 帧。

（3）在"输出大小"栏中，单击"640×480"按钮，这样就将画面的宽度设置为 640 像素，高度设置为 480 像素。

（4）在"渲染输出"栏中，单击"文件"按钮，再在弹出的对话框中选择要保存动画文件的路径，并输入动画文件的文件名"任务 1.avi"，最后单击"保存"按钮返回"渲染场景"对话框。

（5）单击对话框底部的"渲染"按钮，开始逐帧渲染动画。动画渲染完成后，即可关闭"渲染场景"对话框。

（6）观看动画文件的效果。执行"文件"→"查看图像文件"命令。在弹出的对话框中选择刚才生成的动画文件"任务 1.avi"，再单击"打开"按钮，即可观看到动画效果。

1.1.2　三维动画制作流程简介

1．编制脚本

脚本是动画的基础，需要在脚本中确定动画的每一个情节，并绘制造型设计及场景设计的草图。

2．创建模型

根据前期的造型设计及场景设计，完成相关模型的创建。这是三维动画制作中很繁重也很关键的一项工作。常用的三维建模软件除了 3ds Max9 外，还有 Maya 等。

3．编辑材质及贴图

给模型指定材质及贴图，可使模型具有逼真、生动的视觉效果。材质即材料的质地，具体体现在物体的颜色、透明度、反光度、反光强度、自发光及粗糙程度等特性上。贴图是指把二维图片通过软件的计算贴到三维模型上，形成表面细节和结构。

4．设置灯光和摄像机

灯光起着照明场景、投射阴影及增添氛围的作用。在任务 1 中，我们并没有创建任何灯光，场景也一样能被照亮，这是因为 3ds Max9 提供了默认的照明方式。

创建摄像机的目的是实现镜头效果，同时也方便场景的观察。摄像机位置的变化也能使画面产生动态效果。

5．制作动画

根据脚本中的动画设计，对已完成的造型制作一个个动画片段。在 3ds Max9 中，简单的动画可直接通过动画控制区的相关按钮进行制作，而较复杂的动画则需要通过动画曲线编辑器和动画控制器来实现。

6．渲染动画

三维动画必须经过渲染才能输出，从而得到最后的静态效果图或动画。渲染由渲染器来完成，不同的渲染器提供了不同的渲染质量，渲染质量越高，渲染所需的时间也就越长。

7．动画后期合成

后期合成是指按照脚本的要求，利用非线性编辑软件将各个动画片段连在一起，从而生成动画影视文件。在后期合成的过程中，可以加入声音、字幕，以及设置视频特效等。对影视类三维动画而言，后期合成是必不可少的一步。

常用的非线性编辑软件有 Adobe Premiere。3ds Max 9 内置的 Video Post 也提供了视频后期处理及图像合成处理功能。

1.1.3　3ds Max 9 中文版的工作界面

3ds Max 9 的主界面布局如图 1-13 所示。

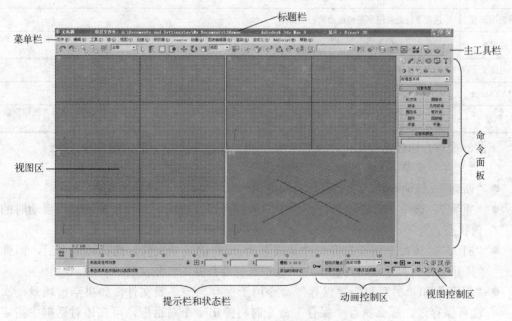

图 1-13　3ds Max 9 的主界面布局

1．标题栏

标题栏位于主界面的最顶部。刚启动 3ds Max 9 中文版时，标题栏的左端显示"无标题"。当在 3ds Max 9 中打开一个已有的场景文件时，标题栏中将显示出该场景文件的文件名。

2．菜单栏

菜单栏位于标题栏下方，其中共有 14 个下拉式菜单项，每个菜单项中又包含了很多命令项。表 1-1 列出了常用菜单的功能。

表 1-1　3ds Max 9 的常用菜单的功能

菜单	功能简介
文件	用于文件的各种操作，如新建、打开、保存、合并、导入和导出其他三维格式文档等
编辑	用于撤销和重复对对象的操作、临时保存及恢复临时保存、以不同的方式选择对象、克隆对象及对象的 3 种变换操作等
工具	提供了镜像、阵列、对齐、快照等常用工具
组	将多个对象组合成一个组，或将一个组分解成多个对象
视图	用于对视图进行操作，如栅格的显示控制、视图背景图片的设置等
创建	用于创建标准基本体、扩展基本体、灯光、摄像机、粒子系统等各类对象，这些创建命令都可以在屏幕右侧的"创建"命令面板中找到
修改器	提供了各种修改命令，其中大部分命令与"修改"命令面板中"修改器列表"内的命令相同
reactor	用于动力学的设置
动画	用于控制和设置动画
图表编辑器	包含了轨迹视图和图解视图的相关命令
渲染	包含了用于渲染输出和渲染设置的相关命令，如环境和效果设置、高级照明设置等，还可使用 Video Post 视频后期处理程序来合成场景和图像
自定义	让用户按照自己的喜好和习惯设置操作界面
MAXScript	MAXScript 是 3DS MAX 的内置脚本语言，该菜单提供与脚本相关的命令
帮助	提供不同类型的帮助信息，如使用"用户参考"命令可打开 3ds Max 的联机参考文档，使用"教程"命令可看到许多效果图和动画的制作教程

下面，重点介绍经常使用的"文件"菜单和"编辑"菜单下的常用命令。

（1）"文件"菜单

- "新建"。该命令将清除当前场景中的内容，并新建一个 MAX 文件。
- "重置"。该命令将清除当前场景中的所有内容及数据，并使系统恢复成启动时的默认状态。
- "打开"。该命令用于打开一个扩展名为.max 的场景文件。选择该命令后，即弹出"打开文件"对话框，可在该对话框中选择要打开的场景文件。
- "保存"和"另存为"。"保存"命令用于保存当前场景文件，如果当前场景一次都没有保存过，那么执行"保存"命令时将弹出一个对话框，可在该对话框中指定保存文件的位置，并为要保存的文件命名。如果当前场景文件已经存在，那么使用"保存"命令时将直接用已更新的内容覆盖原有的文件。

"另存为"命令用于另存当前场景，执行该命令时将弹出一个"文件另存为"对话框，可在该对话框中重新指定保存文件的位置，并可为要保存的文件重命名。

- "合并"。该命令用于将其他场景文件中的对象合并到当前场景中。"合并"命令对于复杂场景的制作来说十分有用，我们可以将复杂场景中需要精细制作的对象分别放到不同的场景文件中制作，最后再通过"合并"命令把这些对象合并到一个场景中。
- "导入"。"导入"命令可以将 3ds Max 的网格文件、工程文件、AutoCAD 文件、IGES 文件、Lightscape 文件等导入到 3ds Max 中。
- "导出"。"导出"命令可以导出的文件格式有：3ds Max 的网格文件、Adobe Illustrator 文件、AutoCAD 文件、IGES 文件、Lightscape 文件等。

（2）"编辑"菜单

● "撤销"和"重做"。"撤销"命令与工具栏中的 ↶ 按钮作用相同，用于撤销上一次的操作。撤销级别的默认值为"20"，即可连续撤销前面 20 次操作。使用"自定义/首选项"菜单可以设置撤销级别，撤销级别的值越大，就越需要更多的系统资源。

"重做"命令与工具栏中的 ↷ 按钮作用相同，用于重复刚才撤销的操作。

● "暂存"和"取回"。"暂存"命令可以将场景的当前状态临时保存到缓冲区中，使用"取回"命令即可恢复用"暂存"命令保存的场景状态。

"暂存"和"取回"是两个十分有用的命令。如果你对即将执行的某一操作把握不大，担心会因该操作的失误而影响全局，那么就可以在执行该操作之前，使用"暂存"命令暂存当前的状态，以后再根据需要使用"取回"命令恢复保存的状态。

3．主工具栏

主工具栏包含了使用频率较高的工具按钮，使用这些按钮可以快速执行某项操作。

（1）查看更多的图标按钮

主工具栏中的按钮较多，当屏幕分辨率为 1024×768 像素时，并不能完全显示所有的工具按钮。如果想看到其他更多的按钮，可以把光标移到主工具栏上两个按钮之间的空白处，当光标变成手形时，按下鼠标左键左右拖动工具栏即可。

（2）主工具栏浮动面板

拖动主工具栏左边的两条竖线，可以使主工具栏呈现出浮动面板的形式，如图 1-14 所示。浮动面板可以根据个人的喜好拖到屏幕的不同位置。

图 1-14　主工具栏浮动面板

（3）按钮组

主工具栏中有一些按钮其右下角有一个小三角形，如 ▦ 按钮和 ▦ 按钮等。按钮右下角的小三角形表示这不是一个单独的按钮，而是一个按钮组，其中包含了若干个功能相似的按钮。把光标移到右下角有小三角形的按钮处，按下鼠标左键不放，即会弹出一组相似的工具按钮。例如，按下 ▦ 按钮时，该按钮的下方会显示出 ▦、◯、▨、⬭、▨ 5 个按钮，这5 个按钮分别用于以不同的区域方式选择对象。

注意，除了主工具栏内有按钮组之外，屏幕右下角的视图控制区中也有按钮组，如 ▷ 按钮和 ⊞ 按钮等。

（4）主工具栏中的常用按钮

● ↶ 撤销。该按钮的功能是撤销上一次操作，右击则可选择撤销的步数。

● ↷ 重做。该按钮的功能是恢复被撤销的操作，右击则可选择重做的步数。

● ↖ 选择对象。该按钮的功能是完成对单个或多个对象的选择。

● ▣ 按名称选择。该按钮的功能是从名称列表中选择对象。

● ✛ 选择并移动。该按钮的功能是选择并移动对象。

● ↻ 选择并旋转。该按钮的功能是选择并旋转对象。

- 选择并均匀缩放。该按钮的功能是选择并等比缩放对象。
- 捕捉开关。该按钮的功能是精确定位捕捉三维空间中满足捕捉设置条件的任意点。
- 角度捕捉切换。该按钮通常用于旋转操作时的角度间隔。
- 镜像。对所选物体沿指定轴进行镜像翻转。
- 对齐。该按钮的功能是将选定对象沿指定轴向与目标对象进行对齐操作。
- 材质编辑器。单击该按钮可打开材质编辑器窗口。
- 渲染场景对话框。单击该按钮可打开渲染场景对话框。
- 快速渲染。该按钮的功能是按默认渲染参数进行快速渲染。

4．视图区

视图区是 3ds Max 9 的主要工作区，用于观察并操作创建的各种对象。在任务 1 中，我们就是在视图区中完成创建模型、创建摄像机并调整摄像机的位置等操作的。

（1）视图的种类

启动 3ds Max 9 后，屏幕上会出现 4 个默认的视图，即顶视图、前视图、左视图、透视图。通过这 4 个视图，可以从 4 个不同的方位观察场景。其中，顶视图是从顶向下观察场景，前视图是从正前方观察场景，左视图是从左方观察场景，透视图则能显示出场景的透视效果。

除了上述 4 个默认的视图之外，还有底视图、后视图、右视图、用户视图和摄像机视图。

顶、前、左、底、后、右视图 6 个视图为正视图，正视图实际上是二维效果图，其中没有角度变化和透视效果，能够准确地表现物体的宽度和高度，以及对象的空间位置。结合各个正视图，能够快速完成对象在三维空间中的准确定位。

（2）当前视图

在视图区中，总有一个视图被一个黄色外框包围，这表明该视图是当前视图。在对某个视图作调整操作时，必须先使该视图成为当前视图。

在一个视图内的任一位置单击鼠标，即可使该视图成为当前视图。

（3）切换视图

操作中，可以根据需要把一个视图切换成其他视图。方法是激活想要转变的视图（使之成为当前视图），再按相应的快捷键即可。用于切换视图的快捷键如下：

【T】——顶视图

【B】——底视图

【F】——前视图

【K】——后视图

【L】——左视图

【R】——右视图

【P】——透视图

【U】——用户视图

【C】——摄像机视图

（4）视图的显示方式

默认情况下，顶视图、前视图、左视图中的对象以"线框"方式显示，透视图中的对象以"平滑 + 高光"方式显示。把光标移到视图左上角的视图名称处，单击鼠标右键，即可在弹出的快捷菜单中选择视图的其他显示方式，如图 1-15 所示。图 1-16 显示了几种常用显示方式效果的对比。

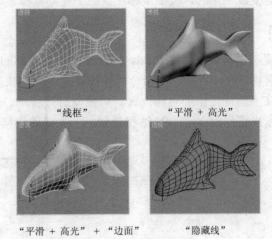

"线框"　　　　　　　"平滑 + 高光"

"平滑 + 高光" + "边面"　　　　　"隐藏线"

图 1-15　选择视图的其他显示方式　　　　　图 1-16　几种常用显示方式效果的对比

5．命令面板

命令面板是 3ds Max 9 的核心部分，其中包括了创建对象及编辑对象的常用工具、命令以及相关参数。

（1）6 类命令面板

3ds Max 9 提供了 6 类命令面板，分别用命令面板最上层的 6 个图标按钮进行切换，如图 1-17 所示。其中，单击"创建"按钮 ，打开"创建"命令面板后，该按钮下方又会出现 7 个子图标，如图 1-18 所示。这 7 个子图标分别用于创建不同类型的对象，例如，单击"几何体"按钮 ，可打开创建三维几何体的命令面板（本书将以"创建/几何体"的形式表示该命令面板），单击"图形"按钮 ，可打开创建二维图形的命令面板。

图 1-17　命令面板的 6 个按钮　　　　　图 1-18　"创建"命令面板中的子图标

（2）卷展栏

命令面板内的所有命令按钮和各类参数都被分类组织在不同的卷展栏中，如，"创建/几何体"命令面板中的"对象类型"卷展栏，其中包含了用于创建各种三维几何体的命令按钮，如"长方体"、"球体"、"圆柱体"等。

卷展栏名称"对象类型"前面的符号"-"，表示该卷展栏已经展开，单击卷展栏名称，即可使该卷展栏折叠起来，这时符号"-"会变成"+"。相反，单击含有符号"+"的卷展栏名称，则会使该卷展栏展开。

（3）手形光标

当命令面板的内容太多而不能全部显示出来时，可以将光标移到命令面板的空白处，当光标变成手形时，按下鼠标左键上下拖动鼠标，即可显示出命令面板的其余内容。

6．提示栏和状态栏

提示栏和状态栏位于 3ds Max 9 主界面底部的左侧，如图 1-19 所示。提示栏内会显示出当前正在使用的按钮或命令的操作提示信息。状态栏中的 X、Y、Z 文本框内，会显示出光标在当前视图中的坐标位置。对模型进行移动、旋转或缩放操作时，X、Y、Z 文本框内会显示出模型沿 X 轴、Y 轴和 Z 轴三个方向的位移、角度或缩放变化值。

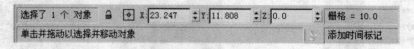

图 1-19　提示栏和状态栏

7．动画控制区

动画控制区位于提示栏和状态栏的右边，使用其中的按钮可以录制动画、选择关键帧、播放动画及控制动画时间等。在后面的第 8 章中，将详细介绍动画控制区中各个按钮的用途。

8．视图控制区

视图控制区位于 3ds Max 9 主界面的右下角，其中提供的一组图标按钮主要用于缩放视图中的显示图形，以及调整视图的观察角度。

视图控制区中的按钮会因当前视图的不同而有所变化。当前视图是顶视图、前视图、左视图等正视图或用户视图时，视图控制区中的按钮如图 1-20（a）所示；当前视图是透视图时，视图控制区中的按钮如图 1-20（b）所示；当前视图是摄像机视图时，视图控制区中的按钮则如图 1-20（c）所示。

（a）正视图和用户视图的控制按钮　　　（b）透视图的控制按钮　　　（c）摄像机视图的控制按钮

图 1-20　视图控制区

视图控制区中常用按钮的功能如下：

（1） 缩放

单击该按钮后，在某一视图中按下鼠标左键并上下拖动鼠标，可放大或缩小场景的显示。

（2） 缩放所有视图

单击该按钮后，在任一视图中按下左键并上下拖动鼠标，可放大或缩小所有视图的场景显示。

（3）⊡最大化显示

单击该按钮后，当前视图中的场景会以最大化方式显示。注意这是一个按钮组，其中还包含了另一个按钮，即⊡"最大化显示选定对象"，其功能是使当前视图中的所选对象以最大化方式显示。

（4）⊞所有视图最大化显示

单击该按钮后，将在所有视图中最大化显示场景。该按钮组中的另一个按钮是 ⊞"所有视图中最大化显示选定对象"，其功能是在所有视图中最大化显示被选择的对象。

（5）⊡缩放区域

按下该按钮后，可在顶视图、前视图和左视图等任一正视图内拖动鼠标，以形成一个矩形区域，被围在矩形区域内的物体会放大至整个视图显示。区域缩放按钮对于局部观察模型和修改模型的细节非常有用。

（6）✋平移视图

单击该按钮后，可在任一视图内拖动鼠标以平移观察窗口。

（7）♨弧形旋转

单击该按钮后，当前视图中会出现一个黄色圆圈，可以在圈内、圈外及圆圈上的 4 个顶点处拖动鼠标来改变观察角度。该按钮主要用于对透视图的调整，如果对顶视图、前视图和左视图等正视图使用了该按钮，则正视图会自动变成用户视图。

（8）⬚最大化视口切换

单击该按钮后，当前视图会切换至全屏显示，再次单击该按钮则会恢复到原来的视图显示状态。

（9）▷视野

当前视图是透视图或摄像机视图时，该按钮才会出现。单击该按钮后，在透视图中上下拖动鼠标，将改变观察区域的大小。

1.2 任务 2：制作两个大红灯笼旋转的动画——3ds Max 9 的基本操作

1.2.1 任务实施

【任务目标】

1. 掌握对象的选择方法，以及移动、旋转和缩放 3 种基本的变换操作。
2. 理解克隆的 3 种类型，掌握克隆对象的方法。
3. 能够制作最基本的三维几何体和最简单的变换动画。

【任务内容】

制作两个大红灯笼旋转的动画。两个灯笼上均有"欢度国庆"字样，一个灯笼顺时针旋转，另一个则逆时针旋转。具体效果请参见本书配套光盘上"任务相关文档"文件夹中的文件"任务 2.max"和"任务 2.avi",其静态渲染图如图 1-21 所示。

图 1-21   灯笼静态渲染图

【制作思路】

1. 整个灯笼模型可以由球体和圆柱体组成,对球体使用缩放工具进行适当压扁,即可得到灯笼的灯罩部分。灯笼上"欢度国庆"的字样可通过贴图材质实现。

2. 将灯笼的各个部件组合成一个整体,再使用克隆的方法复制出另一个相同的灯笼。

3. 使用旋转工具制作两个灯笼旋转的动画效果。

【操作步骤】

1. 创建模型

(1)启动 3ds Max 9 应用程序。

(2)制作灯罩。单击屏幕右边"创建/几何体"命令面板,再单击"对象类型"卷展栏中的"球体"按钮,然后把光标移到顶视图中,按下鼠标左键拖动鼠标,即可创建一个球体。在命令面板的"参数"卷展栏中,将"半径"设置为"50"。

单击视图控制区中的 ⊞ 按钮,使球体在各个视图中最大化显示,如图 1-22 所示。

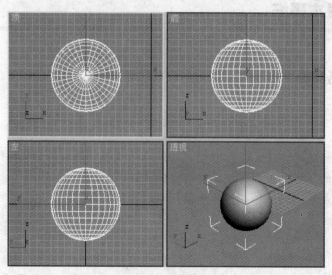

图 1-22   灯罩的初始造型

（3）适当压扁球体。单击工具栏中的■按钮，然后把光标移到前视图中单击球体，这时球体上出现一个以坐标轴表示的缩放 Gizmo。将光标移到缩放 Gizmo 的 Y 轴上，使 Y 轴变成黄色，表示缩放操作只沿着 Y 轴进行。向下拖动鼠标，使球体沿着 Y 轴适当压扁，如图 1-23 所示。

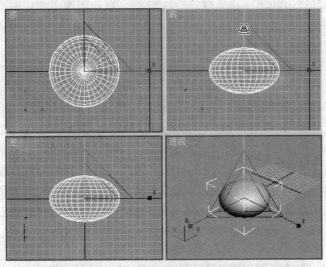

图 1-23　沿着 Y 轴压扁球体

（4）制作灯杆。在"创建/几何体"命令面板中，单击"对象类型"卷展栏中的"圆柱体"按钮，然后把光标移到顶视图中，按住鼠标左键拖动鼠标，确定圆柱体的圆面大小，释放左键后再向上移动鼠标，确定圆柱体的高度，最后单击鼠标左键结束创建圆柱体的操作。在命令面板的"参数"卷展栏中，将"半径"设置为"2"，"高度"设置为"60"。

（5）调整灯杆的位置。在视图中选择灯杆，然后单击工具栏中的"对齐"按钮◆，再把光标移动顶视图中单击球体，弹出"对齐当前选择"对话框。按照如图 1-24 所示方式进行设置，在"对齐位置"栏中，只勾选"X 位置"和"Y 位置"复选框，并在"当前对象"和"目标对象"下面，均选择"中心"选项，最后单击"确定"按钮。这样，灯杆就自动对齐在灯罩的中心位置，如图 1-25 所示。

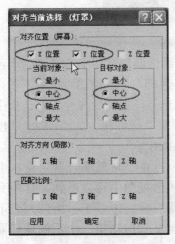

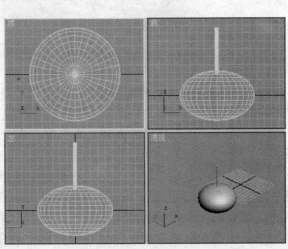

图 1-24　"对齐当前选择（灯罩）"对话框　　　　图 1-25　灯杆的位置

　　（6）制作灯笼底座。在"创建/几何体"命令面板中，单"圆柱体"按钮，然后在顶视图中创建一个圆柱体。在命令面板的"参数"卷展栏中，设置"半径"为"22"，"高度"为"12"，"边数"为"30"，并取消对"平滑"选项的勾选。

　　（7）调整灯笼底座的位置。使用工具栏中的"对齐"按钮 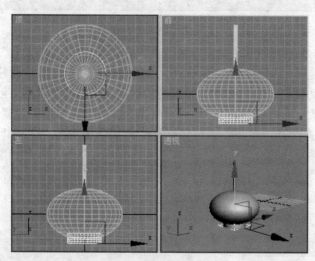（此处按钮图标），将底座对齐在灯罩的中心位置，再单击工具栏中的"选择并移动"按钮 ✛，在前视图中将底座沿 Y 轴移到灯罩的下方，如图 1-26 所示。

　　至此，完成灯笼的整个造型。

2．指定材质

　　（1）给灯杆和底座指定材质。单击工具栏右侧的"材质编辑器"按钮 ❖，打开"材质编辑器"窗口。在"Blinn 基本参数"卷展栏中，单击"漫反射"色样，在打开的"颜色选择器"中将漫反射颜色调整为"黄色"，然后关闭"颜色选择器"。这时，材质编辑器中的第一个示例球颜色变成了黄色。在任一视图中单击灯杆，再在"材质编辑器"窗口中单击示例球列表下方的"将材质指定给选定对象"按钮 　，可将黄色材质指定给灯杆。使用相同的方法，在视图中单击灯笼底座，再在"材质编辑器"窗口中单击 按钮，可将黄色材质指定给底座。

图 1-26　灯笼底座的位置

　　（2）编辑有"欢度国庆"字样的贴图材质。在"材质编辑器"窗口中选择第二个示例球，然后在"Blinn 基本参数"卷展栏中，单击"漫反射"色样右侧的空白小按钮，在弹出的"材质/贴图浏览器"窗口中，双击"位图"，最后在 "选择位图图像文件"对话框中选择一幅有"欢度国庆"字样的图片（本书配套光盘上的文件"任务相关文档\素材\欢度国庆.jpg"）。这时，可以看到第二个示例球上出现了红底黄字的图案。

　　（3）给灯罩指定贴图材质。在任一视图中选择灯罩，再在"材质编辑器"窗口中单击 按钮，将第二个示例球上的贴图材质指定给灯罩。从透视图中可以看到，灯罩变成了灰色，这是第二个示例球原来的颜色。在"材质编辑器"窗口中单击示例球列表下方的"在视口中显示贴图"按钮 🌐，使透视图中的灯罩上也显示出与第二个示例球相同的贴图，如图 1-27 所示。最后关闭"材质编辑器"窗口。

3.组合对象

为了方便后面制作动画，下面将组成灯笼的灯杆、灯罩和底座组合成一个整体。

（1）同时选择灯笼的各个部件。单击工具栏中的"选择对象"按钮 ，然后按住【Ctrl】键不放，在前视图中分别单击灯杆、灯罩和底座，使这 3 个对象同时被选中。

（2）组合各个部件。执行"组→成组"菜单命令，在弹出的"组"对话框中输入组名"灯笼"，如图 1-28 所示，最后单击"确定"按钮。

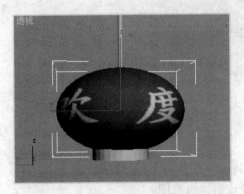

图 1-27 给灯罩指定贴图材质   图 1-28 "组"对话框

由于灯笼的各个部件被组合成了一个整体，因此在视图中单击灯笼的任何一个位置，整个灯笼都会被选中。

4.克隆灯笼

（1）单击工具栏中的"选择并移动"按钮 ，然后把光标移到前视图中单击灯笼，这时灯笼上出现移动 Gizmo。将光标移到 Gizmo 的 X 轴上，使 X 轴变成黄色显示，再按住【Shift】键不放，沿 X 轴向右拖动鼠标，这样就在移动灯笼的同时克隆出了另一个灯笼。释放鼠标左键后，弹出"克隆选项"对话框，如图 1-29 所示。单击"确定"按钮即可。

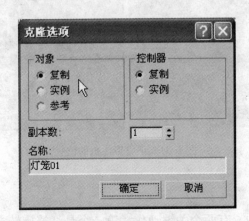

图 1-29 "克隆选项"对话框

（2）参照如图 1-30 所示方式，调整两个灯笼的位置。

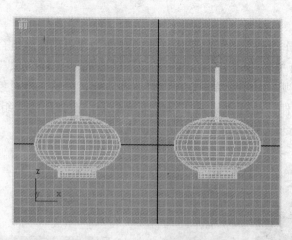

图 1-30   调整两个灯笼的位置

5. 创建摄像机

（1）打开"创建/摄像机"命令面板，在顶视图中创建一个目标摄像机。

（2）激活透视图，按【C】键使该视图切换成摄像机视图。

（3）调整摄像机的位置。单击工具栏中的"选择并移动"按钮，参照图 1-31，在视图中移动摄像机的位置，使摄像机视图中的两个灯笼在画面的中间。

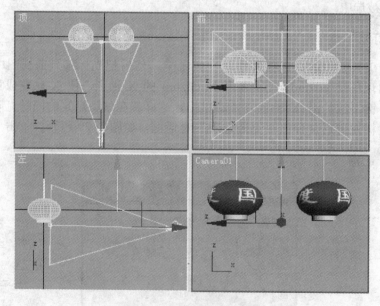

图 1-31   调整摄像机的位置

6. 制作动画

在灯笼旋转的动画中，有两个关键动作，第一个是灯笼旋转之前的起始状态，即灯笼在第 0 帧的状态，第二个关键动作是灯笼旋转了 360°后的状态。所以，我们只需要在动画的录制过程中，在第 100 帧处将灯笼旋转 360°即可。

（1）制作一个灯笼顺时针转动的动画。单击动画控制区中的"自动关键点"按钮，使该按钮变成深红色，进入动画录制状态。向右拖动左视图下方的时间滑块到第100 帧的位置。

（2）单击工具栏中的"选择并旋转"按钮 ⟳，再按下"角度捕捉切换"按钮 ⟁ 锁定旋转角度。将光标移到顶视图中单击左边的灯笼，这时灯笼上会出现旋转 Gizmo 图标。把光标移到 Gizmo 的蓝色圆环线上，使之变成黄色激活状态，然后向下拖动鼠标使灯笼绕 Z 轴顺时针旋转 360°（可在窗口底部的状态栏中看到旋转角度显示为"Z：－360"）。

（3）制作另一个灯笼逆时针转动的动画。确认工具栏中的 ⟳ 按钮和 ⟁ 按钮被按下，把光标移到顶视图中单击右边的灯笼，再把光标移到旋转 Gizmo 的蓝色圆环线上，向上拖动鼠标使灯笼绕 Z 轴沿逆时针方向旋转 360°。

（4）单击"自动关键点"按钮，使之恢复成灰色，结束动画的录制。

（5）预览动画。激活摄像机视图，再单击屏幕右下方的 ▶ 按钮预览动画效果。可以从摄像机视图中看到两个灯笼分别沿不同的方向旋转的动画效果。

7．渲染动画

（1）设置渲染背景。执行"渲染→环境"菜单，打开"环境和效果"对话框。在"背景"栏中，单击"无"按钮，再在弹出的"材质/贴图浏览器"窗口中，双击"位图"。然后在"选择位图图像文件"对话框中选择一幅焰火图片（本书配套光盘上的文件"任务相关文档\素材\焰火.jpg"）作为动画的背景。

（2）渲染动画。激活 Camera01 视图，单击工具栏上的"渲染场景对话框"按钮 ⟳，在"渲染场景"对话框的"时间输出"栏中，选择"活动时间段"选项；在"输出大小"栏中，单击"640×480"按钮；在"渲染输出"栏中，单击"文件"按钮，再在弹出的对话框中选择要保存动画文件的路径，并输入动画文件的文件名"任务 2.avi"，然后单击"保存"按钮返回"渲染场景"对话框。最后单击对话框底部的"渲染"按钮，开始逐帧渲染动画。

（3）动画渲染完成后，关闭"渲染场景"对话框。

（4）观看动画文件的效果。执行"文件→查看图像文件"菜单命令，在弹出的对话框中选择刚才生成的动画文件"任务 2.avi"，再单击"打开"按钮，即可观看到动画效果。

1.2.2　选择对象

如果想对某个对象进行修改操作，那么必须先在场景中选择该对象。常用的选择对象的方法有以下几种：

1．单击选择对象

使用工具栏中的 ⟲、✛、⟳ 或 ⬚ 按钮，均可在视图中单击以选择对象。被选中的对象在视图中以白色线框显示，或是被一个白色的边框包围。

可以同时选择多个对象，方法是按住【Ctrl】键后再分别单击不同的对象。

2．区域选择对象

工具栏中的区域选择工具提供了更加灵活方便的方式来选择多个对象。当按下工具栏中的 ◊、✛、↻ 或 □ 按钮时，可在视图中拖动鼠标形成一个选择框，被选择框包围的对象都会被选中。

与区域选择相关的工具按钮有以下两组：

（1）定义选择区域形状的按钮组

工具栏的 □ 按钮组中包含了 5 个定义不同选择区域形状的按钮。

- □ 矩形选择区域。选择该按钮时，在视图中拖动鼠标将形成一个矩形选择框。
- ○ 圆形选择区域。选择该按钮时，在视图中拖动鼠标将形成一个圆形选择框。
- ⬚ 围栏选择区域。选择该按钮时，在视图中通过交替使用鼠标移动和单击操作（从拖动鼠标开始），可以画出一个不规则的多边形选择框。
- ⬭ 套索选择区域。选择该按钮时，在视图中拖动鼠标将创建一个不规则选择区域轮廓。
- ⬚ 绘制选择区域。选择该按钮时，在视图中拖动鼠标将出现一个小的圆形图标，该圆形图标触及的对象都将被纳入所选范围之内。

（2）"窗口/交叉"按钮组

工具栏中的 ▣ 和 ▣ 按钮提供了两种不同的选择模式。这两个按钮可以通过单击按钮进行切换。

- ▣ 窗口。该模式表示只选择完全位于选择区域之内的对象。
- ▣ 交叉。该模式表示选择位于选择区域内以及与选择区域边界交叉的所有对象。

3．按名称选择对象

当场景中包含的对象较多时，用单击选择或区域选择的方法常常难以快速准确地选中对象，这时就可以采用按名称选择对象的方法。

单击工具栏上的"按名称选择"按钮 ▦，弹出如图 1-32 所示的"选择对象"对话框，对话框左边的列表框中显示了场景内所有对象的名称，单击对象名称再单击"选择"按钮，即可选定该对象。

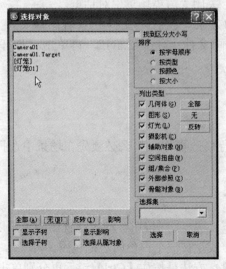

图 1-32 "选择对象"对话框

创建对象时，系统会为其赋予一个默认的对象名称。当场景较复杂时，最好在命令面板的"名称和颜色"卷展栏中，给每一个创建的对象都取一个有意义的名称。

4．建立选择集

可以为当前选定的对象指定一个选择集名称，以后就可通过从工具栏的"命名选择集"列表中选取其名称来重新选择这些对象。

建立选择集的方法是：选定一个或多个对象，然后在工具栏的"命名选择集"框中输入选择集名称，最后按【Enter】键即可。

1.2.3　移动、旋转和缩放

移动、旋转和缩放对象，是 3 种最基本、最常用的对象变换操作，在创建模型及搭建场景的过程中经常需要使用到。在进行变换操作时，锁定不同的坐标轴或使用不同的变换中心，都将对操作结果产生较大的影响。

1．移动

使用工具栏中的 ✛ 按钮，可以选择并移动对象。从不同的视图中可以观察到所选对象处会出现一个有 3 个轴的坐标系图标，即移动 Gizmo。其中，红色箭头的轴为 X 轴，绿色箭头的轴为 Y 轴，蓝色箭头的轴为 Z 轴。

将光标移到某一坐标轴上使之变成黄色显示，即可将移动操作锁定在该坐标轴的方向上。同样，将光标移到 XY、YZ 或 ZX 坐标平面上，所选坐标平面会以黄色显示，这时移动操作将锁定在所选坐标平面内。

2．旋转

使用工具栏中的 ↻ 按钮，可以选择并旋转对象。这时对象处会出现圆环状的坐标系图标，即旋转 Gizmo。把光标移到其中的蓝色圆环线上，可围绕 Z 轴进行旋转操作；把光标移到红色圆环线上，可围绕 X 轴进行旋转操作；把光标移到绿色圆环线上，则可围绕 Y 轴进行旋转操作。

3．缩放

使用工具栏中的 ▣ 按钮组，可以选择并缩放对象。该按钮组中包含了以下 3 个缩放工具：

- ▣ 选择并均匀缩放。该按钮可以沿 X、Y、Z 三个轴均匀缩放对象，同时保持对象的原始比例。
- ▣ 选择并非均匀缩放。该按钮可以限制对象围绕 X、Y 或 Z 轴或者任意两个轴进行缩放。
- ▣ 选择并挤压。该按钮使对象在一个轴上缩放时，同时在另两个轴上进行相反的缩放。

图 1-33 显示了对同一茶壶进行 3 种不同缩放操作的结果。

4. 使用变换中心

变换中心的选择将对旋转操作和缩放操作产生影响，特别是在进行旋转操作时，轴心的位置至关重要。

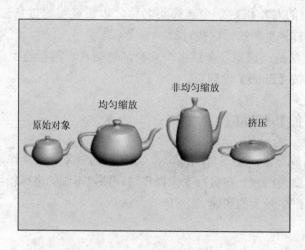

图 1-33　3 种不同缩放操作的结果

通过工具栏上的按钮组 ![按钮] ，可以选择变换操作的轴心。该按钮组中包含了以下 3 个按钮：

● ![按钮] 使用轴点中心。选择该按钮时，对象绕其轴点进行旋转或缩放。

● ![按钮] 使用选择中心。当选定了多个对象时，该按钮使用所选对象的共同中心为变换中心。

● ![按钮] 使用变换坐标中心。该按钮使用当前坐标系的中心为变换中心。

默认情况下，选定单个对象时，变换中心被设置为"使用轴点中心"。当选择多个对象时，默认变换中心会更改为"使用选择中心"。更改变换中心时，变换 Gizmo 坐标的原点会移到指定变换中心的位置。

1.2.4　克隆对象

任务 2 中，我们使用克隆的方法制作出了另一个造型和材质都完全相同的灯笼。克隆对象是一种非常有用的建模技术。在复杂场景的设计中，常常需要制作若干个相同的模型，这就可以用克隆对象的方法来实现。通过克隆对象，可以大大减少重复操作，提高在 3ds Max 9 中的工作效率。

1. 使用"编辑/克隆"菜单命令克隆对象

（1）在视图中选择要克隆的对象。

（2）执行"编辑→克隆"菜单命令，将弹出如图 1-34 所示的"克隆选项"对话框。

图 1-34　"克隆选项"对话框

对话框中的常用参数如下：

● 复制。该选项生成与原始对象完全独立的复制品。
● 实例。该选项生成与原始对象有关联的复制品。对原始对象进行编辑修改时，"实例"对象也会发生相同的改变；反之，对"实例"对象进行编辑修改时，原始对象同样也会发生相同的改变。
● 参考。该选项生成的克隆对象与原始对象有着单向联系。当编辑修改原始对象时，"参考"对象会发生相同的改变，而对"参考"对象进行编辑修改时，则不会影响到原始对象。
● 名称。可在名称文本框中输入克隆产生的新对象的名称。

（3）在对话框中选择一种克隆对象的形式，并在"名称"文本框中输入克隆对象的名称，最后单击"确定"按钮即可。

2. 执行变换操作时克隆对象

按住【Shift】键的同时执行移动、旋转或缩放变换操作，也可克隆对象。这种情况下弹出的"克隆选项"对话框如前面的图 1-29 所示，与图 1-34 相比，图 1-29 中的对象框中增加了一个"副本数"选项，可在其中输入克隆的数量。

1.2.5　镜像对象

使用"工具→镜像"菜单命令或工具栏中的"镜像"按钮 ，可生成所选对象的对称体，即镜像。如图 1-35 所示为在一个鱼模型的基础上，使用镜像工具得到另一个对称的鱼模型。

镜像操作常用于创建对称的模型，其操作步骤如下：

（1）选择要镜像的对象，再单击工具栏中的"镜像"按钮 ，弹出如图 1-36 所示的"镜像：屏幕坐标"对话框。

对话框中的常用参数如下：

● 镜像轴。可选择以 X、Y、Z 中的任一轴作为镜像对称轴，或选择 XY、

YZ、ZX 平面为镜像对称平面。"偏移"是指镜像对象中心与原始对象中心之间的距离。

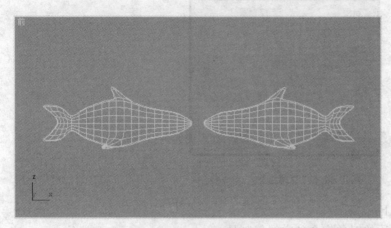

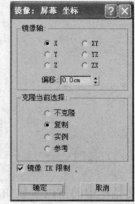

图 1-35　镜像对象　　　　　　　　　　　图 1-36　"镜像：屏幕坐标"对话框

● 克隆当前选择。设置克隆类型，若选择"复制"、"实例"或"参考"选项，则可在镜像对象的同时创建克隆对象。

（2）在对话框中根据需要设置镜像参数，最后单击"确定"按钮。

1.2.6　对齐工具

使用对齐工具可以使对象之间的相互位置准确无误。如图 1-37 所示，3 个花瓶在 Y 轴方向上按最小值对齐。

对齐对象的操作步骤如下：

（1）选择要与目标对象对齐的源对象。

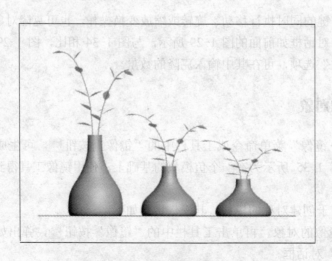

图 1-37　对齐对象

（2）单击工具栏中的"对齐"按钮 ，或执行"工具→对齐"菜单命令，这时光标会变成"对齐"光标。将光标移到目标对象上，当光标变成带"+"的对齐光标后单击目标对象，将弹出如图 1-38 所示的"对齐当前选择（花瓶 02）"对话框。

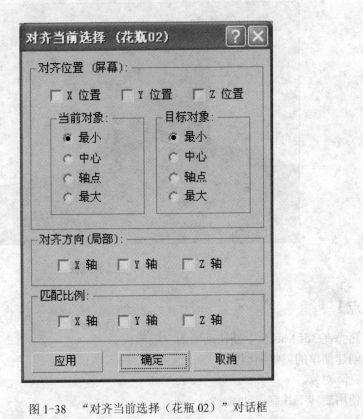

图 1-38　"对齐当前选择（花瓶 02）"对话框

对话框中的常用参数如下：

● X 位置、Y 位置、Z 位置。用于设置源对象与目标对象在哪个轴的方向上对齐。可选择其中一项或三项的任意组合，同时启用三个选项时，可以将源对象移动到目标对象的位置。

● 最小、中心、轴点、最大。用于指定对象边界框上用于对齐的点。即当前所选的源对象与目标对象可在对齐轴方向上分别按边界框最小值、几何中心、轴点、边界框最大值进行对齐。

1.3　上机实战

1.3.1　旋转的立体相框

【项目内容】

参照本书配套光盘上"实战"文件夹中的文件"实战 1-1.avi"，制作立体相框旋转的动画，其静态渲染图如图 1-39 所示。

图 1-39　立体相框静态渲染图

【训练重点】

（1）熟悉在 3ds Max 9 中制作动画的一般流程。
（2）创建简单的三维模型。
（3）克隆对象。
（4）使用旋转工具制作动画。
（5）渲染动画。

【操作提示】

（1）创建模型。启动 3ds Max 9 应用程序之后，参照图 1-40，使用"创建/几何体"命令面板中的"长方体"和"圆柱体"命令，创建一个立体相框模型。注意，立体相框侧面上 4 个大小相同的用于贴照片的长方体，可以用克隆对象的方法得到。

（2）指定材质。打开材质编辑器，在"Blinn 基本参数"卷展栏中，单击"漫反射"色样右侧的空白小按钮，在弹出的"材质/贴图浏览器"窗口中，双击"位图"，最后在"选择位图图像文件"对话框中选择一张自己喜爱的数码照片，使照片作为贴图材质出现在第一个示例球上。将该示例球的材质指定给立体相框侧面的一个长方体。

使用相同的方法，分别选择另 3 张数码照片，将其"贴"在立体相框侧面的另外 3 个长方体上，如图 1-41 所示。

（3）组合对象。为了方便后面制作旋转动画，先把立体相框转轴以上的所有对象（即 5 个长方体）组合成一个整体，并命名组名为"相框"。

（4）制作相框转动的动画。单击动画控制区中的"自动关键点"按钮，进入动画录制状态。向右拖动时间滑块到第 100 帧，按下工具栏中的 ○ 按钮及 △ 按钮，在顶视图中将相框绕 Z 轴旋转 360°。

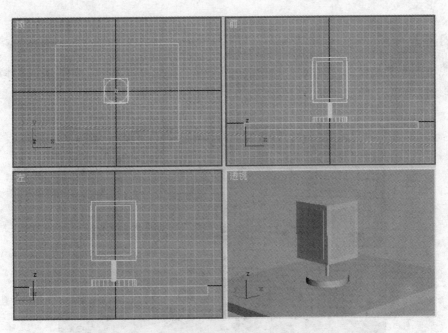

图 1-40　立体相框模型

图 1-41　将照片"贴"在立体相框侧面的长方体上

（5）单击"自动关键点"按钮，使之恢复成灰色，结束动画的录制。

（6）激活透视图，再单击屏幕右下方的 ▶ 按钮，预览动画效果。

（7）单击工具栏上的"渲染场景对话框"按钮 ，在弹出的对话框中设置相关选项并渲染动画。

（8）执行"文件→查看图像文件"菜单命令，打开动画文件观看动画。

1.3.2 向前滚动的球体

【项目内容】

参照本书配套光盘上"实战"文件夹中的文件"实战 1-2.avi",制作一个球体从桌面的一端滚到另一端的动画,其静态渲染图如图 1-42 所示。

图 1-42 向前滚动的球体静态渲染图

【训练重点】

(1)对同一个对象运用两种变换动画(即位移动画和旋转动画)。
(2)渲染动画。

【操作提示】

(1)启动 3ds Max 9 应用程序后,分别在视图中创建一个长方体和一个球体。将球体移放到长方体的表面上。为了后面能够方便地看到球体的滚动效果,在用"球体"命令创建球体时,取消对"参数"卷展栏中的"平滑"选项的选择。结果如图 1-43 所示。

(2)按自己的喜好从材质库中选择材质指定给桌面和球体。

(3)制作动画。单击透视图下方的"自动关键点"按钮,使该按钮变成深红色,进入动画录制状态。拖动时间滑块到第 100 帧处,然后按下工具栏中的 ✛ 按钮,在顶视图或前视图中将球体沿 X 轴移到桌面的另一端,再按下工具栏中的 ↻ 按钮,根据球体向前移动距离的长短,在前视图中将球体绕 Z 轴沿前进方向旋转数周。

(4)单击"自动关键点"按钮,使之恢复成灰色,结束动画的录制。

(5)激活透视图,再单击屏幕右下方的 ▶ 按钮预览动画效果。

(6)单击工具栏中的 🖻 按钮渲染动画。

(7)执行"文件→查看图像文件"菜单命令,打开动画文件观看动画。

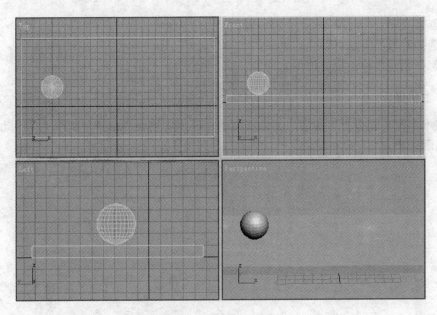

图 1-43　放在桌面上的球体

 习题与训练

一、填空题

1．启动 3ds Max 9 应用程序后，在屏幕上可以看到的 4 个视图是_____视图、
_____视图、_____视图和_____视图。

2．按_____键可将当前视图切换成底视图，按_____键可将当前视图切
换成摄像机视图。

3．3ds Max 9 的主界面包括标题栏、菜单栏、工具栏、_____、_____、
_____、_____和_____8 个组成部分。

4． 按钮的作用是_____， 按钮的作用
是_____， 按钮的作用
是_____。

5． 按钮的作用是_____。

6．克隆对象的类型有_____、_____和_____3 种。

7．使用_____菜单，可以将当前同时选定的若干个对象组合成一个
对象组。

二、简答题

1．在 3ds Max 9 中制作一个动画一般需要哪几个步骤？

2．当命令面板中的内容太多而不能全部显示时，怎样查看其余没有显示出来的

内容？

　3．怎样克隆一个对象？

　4．选择对象的方法有哪些？

　5．怎样创建对称造型的模型？

三、上机操作

　参照本书配套光盘上"实战"文件夹中的文件"实战 1-3.avi"，制作"三维动画"文字翻转的动画效果。

第2章 三维基本体建模

【内容导读】

建模是 3ds Max 9 的一项重要功能，也是动画制作的基础，没有模型也就不会有动画。3ds Max 9 提供了现成的创建标准基本体和扩展基本体的命令，标准基本体和扩展基本体是一些形状较规则的三维几何体，如长方体、球体、圆柱体和圆锥体等，将这些简单的三维几何模型进行连接、组合即可构造复杂的模型。对三维几何体进行适当的编辑修改后，还能得到一些看似不规则的较复杂的三维模型。

本章重点介绍 3ds Max 9 中标准基本体和扩展基本体的类型、创建方法，以及它们的常用参数。

【知识要点】

1. 创建标准基本体的有关命令及其参数。
2. 创建扩展基本体的有关命令及其参数。
3. 使用标准基本体和扩展基本体构造复杂模型。

【任务一览】

任务 3：制作玩具小推车 —— 使用标准基本体构造模型
任务 4：制作组合沙发 —— 使用扩展基本体构造模型
任务 5：制作镂空小笔筒 —— 使用布尔操作生成复杂模型

2.1 任务 3：制作玩具小推车——使用标准基本体构造模型

2.1.1 任务实施

【任务目标】

1. 了解 3ds Max 9 中标准基本体的类型。
2. 掌握创建标准基本体的有关命令及常用参数。
3. 能够灵活运用标准基本体构造模型。

【任务内容】

使用创建标准基本体的相关命令，制作如图 2-1 所示的玩具小推车。具体效果请参见本书配套光盘上"任务相关文档"文件夹中的文件"任务 3.max"。

图 2-1　玩具小推车

【制作思路】

玩具小推车的车厢可由"长方体"搭建而成，轮子用"圆环"和"圆柱体"制作而成，扶手则用"圆柱体"和"管状体"切片制作而成，如图 2-2 所示。

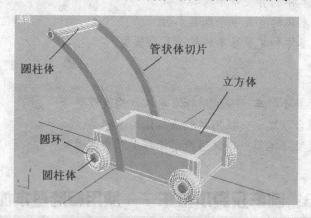

图 2-2　组成玩具小推车的各个部件

【操作步骤】

1. 制作车厢

（1）创建长方体。依次单击命令面板中 （创建）、 （几何体）按钮，然后在"对象类型"卷展栏中单击"长方体"命令按钮，这时，该按钮呈黄色显示，表示处于选中状态。将鼠标光标移到顶视图中，这时光标变成"十"字形状。按下鼠标左键向右下方拖动，使视图中出现一个矩形，在适当的位置处放开鼠标左键；继续向上移动鼠标，使长方体产生高度，在适当的位置单击鼠标左键结束操作。这时，从透视图中可以看到创建好的长方体。

（2）设置长方体的参数。在命令面板的"参数"卷展栏中，设置"长度"、"宽度"、"高度"分别为"30"、"50"、"2"。

（3）给对象命名。在命令面板的"名称和颜色"卷展栏内，将光标移到显示有"Box01"的文本框中双击鼠标，再输入"车厢底板"，这样，就将刚创建的长方体的名称由默认的"Box01"更名为"车厢底板"。

（4）再次单击"长方体"命令按钮，使用相同的方法，在前视图中创建一个"长度"、"宽度"、"高度"分别为"15"、"54"、2 的长方体。在"名称和颜色"卷展栏内将该长方体命名为"车厢侧板 01"。

（5）调整长方体的位置。单击工具栏中的 ✛ 按钮，参照图 2-3，调整两个长方体的相对位置。

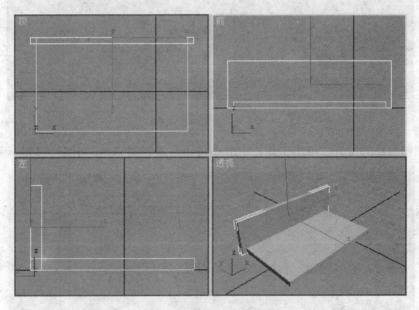

图 2-3 两个长方体的位置

（6）复制出另一块相同的侧板。单击工具栏中的 ✛ 按钮，然后将鼠标移到顶视图中的"车厢侧板 01"上，按住【Shift】键，沿着 Y 轴方向拖动鼠标，将复制出的另一块侧板拖到车厢底板的另一侧，释放鼠标左键后，从弹出的"克隆选项"对话框的"对象"栏中选择"实例"，然后单击"确定"按钮。

（7）使用相同的方法，使用"长方体"命令按钮制作出另外两块车厢侧板，如图 2-4所示。

2. 制作轮子

（1）创建圆环。在"创建/几何体"命令面板中，单击"对象类型"卷展栏中的"圆环"命令按钮，然后将光标移到前视图中，按下鼠标左键拖动鼠标，释放鼠标左键后再移动鼠标即可创建一个圆环。

（2）设置圆环的参数。在命令面板的"参数"卷展栏中，将"半径 1"、"半径 2"的值分别设置为"4.5"、"2.5"，将"分段"的值设置为"30"，将"边数"值设置为"10"，在

"平滑"栏中选择"侧面"。

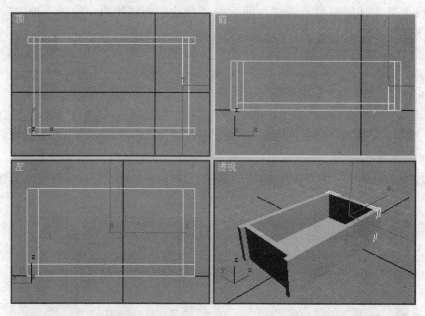

图 2-4　完成后的车厢

（3）调整圆环的位置。单击工具栏中的 ✛ 按钮，参照图 2-5，将圆环移到车厢的一侧。

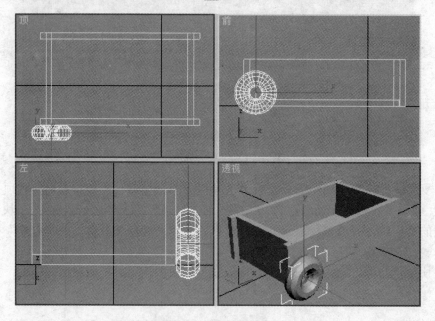

图 2-5　圆环的位置

（4）制作轮轴。在"创建/几何体"面板中，选择"对象类型"卷展栏中的"圆柱体"命令，在前视图中创建一个圆柱体。在"参数"卷展栏中，分别设置"半径"和"高度"为"2"和"5"，设置"高度分段"为"1"。将圆柱体移到轮子的中心位置作为轮轴，如图 2-6 所示。

图 2-6 轮轴

（5）组合轮子和轮轴。在视图中同时选择圆环和圆柱体，再执行"组→成组"菜单命令，将圆环和圆柱体组合成一个对象，在弹出的"组"对话框中，将其命名为"车轮 01"，如图 2-7 所示。

图 2-7 为组合对象命名

（6）复制出另外 3 个车轮。单击工具栏中的 ✛ 按钮，然后将鼠标移到顶视图中的"车轮 01"上，按住【Shift】键，沿着 Y 轴方向拖动鼠标，将复制出的另一个车轮拖到车厢的另一侧，释放鼠标左键后，在弹出的"克隆选项"对话框的"对象"栏中选择"实例"，然后单击"确定"按钮。

按照同样的方法，在顶视图中同时选中两个车轮，再单击工具栏中的 ✛ 按钮，按住【Shift】键，沿着 X 轴方向拖动鼠标，复制出另外两个车轮，效果如图 2-8 所示。

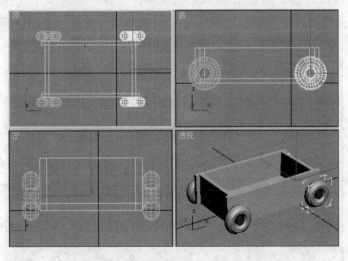

图 2-8 完成后的车轮效果

3．制作扶手

（1）创建管状体。在"创建/几何体"命令面板中，使用"对象类型"卷展栏中的"管状体"命令按钮，在前视图中创建一个管状体，分别设置"半径 1"和"半径 2"为"62"、"58"，"高度"为"1"，"高度分段"为"1"，并勾选"切片启用"，将"切片从"设置为

"90"，将"切片到"设置为"20"。

（2）参照图2-9，调整管状体切片的位置。

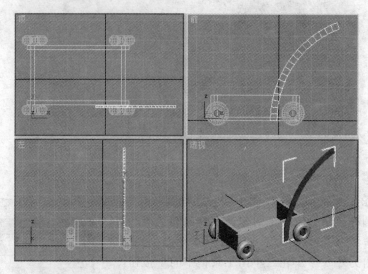

图2-9　管状体切片的位置

（3）单击工具栏中的 ✛ 按钮，然后将鼠标移到顶视图中的管状体切片上，按住【Shift】键，沿着 Y 轴方向拖动鼠标，将复制出的另一个管状体切片拖到车厢的另一侧，释放鼠标左键后，在弹出的"克隆选项"对话框的"对象"栏中选择"实例"，然后单击"确定"按钮。

（4）创建圆柱体。在"创建/几何体"面板中，选择"对象类型"卷展栏中的"圆柱体"命令按钮，在前视图中创建一个圆柱体。在"参数"卷展栏中，分别设置"半径"和"高度"为"1.6"和"33"。将圆柱体移到如图2-10所示的位置。

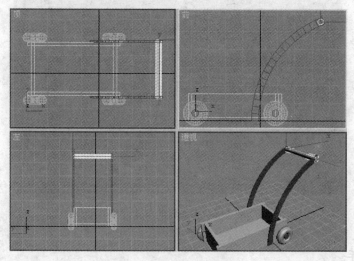

图2-10　完成后的扶手

4．设置渲染背景

（1）执行"渲染→环境"菜单命令，打开"环境和效果"对话框。在"背景"栏中，单击"无"按钮。

（2）在弹出的"材质/贴图浏览器"窗口中，双击"位图"。然后在弹出的"选择位图图像文件"对话框中，选择本书配套光盘上的文件"任务相关文档\素材\童年.jpg"作为场景的渲染背景。

（3）关闭"环境和效果"对话框。

5. 渲染场景

（1）选择透视图，然后单击屏幕右下角视图控制区中的"弧形旋转"按钮，把光标移到透视图中旋转视图，使玩具小推车在透视图中的位置和角度如图 2-11 所示。

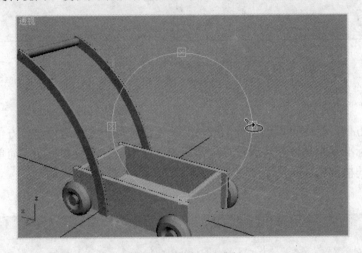

图 2-11　旋转透视图

（2）单击工具栏中的　按钮，渲染透视图。

2.1.2　标准基本体

标准基本体是一些简单而规则的三维对象，如长方体、球体、圆柱体等。3ds Max 9 中，"创建/几何体"命令面板的"标准基本体"子面板中，提供了 10 个创建标准基本体的命令，如图 2-12 所示，使用这些命令可以创建如图 2-13 所示的标准基本体。

图 2-12　"创建/几何体"命令面板的"标准基本体"子面板

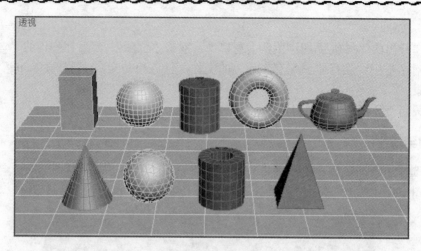

图 2-13　标准基本体

1．长方体

使用"长方体"命令可以创建如图 2-14 所示的各种长方体造型。长方体是最简单也是最常用的一种标准基本体，在场景设计中常用来制作墙壁、地板和桌面等简单模型，也常用于大型建筑物的框架构建。

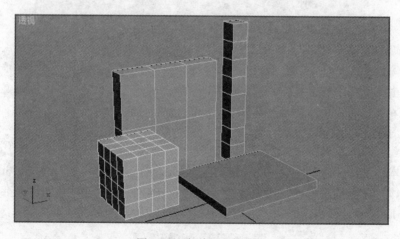

图 2-14　各种长方体造型

（1）创建长方体的操作步骤

打开"创建/几何体"命令面板的"标准基本体"子面板后，单击"长方体"命令按钮，在任意视图中按下鼠标左键并拖动鼠标，释放左键后确定长方体的长度和宽度，再上下移动鼠标确定长方体的高度，最后单击鼠标左键即可完成创建长方体的操作。

 提示：

除了可以通过拖放鼠标的方式来创建标准基本体外，还可以使用键盘在"键盘输入"卷展栏中输入标准基本体的大小和坐标来创建。采用键盘输入的方式可以精确地创建对象，但不如拖放鼠标的方式直观方便。

（2）长方体的参数

"长方体"命令的参数如图 2-15 所示。

图 2-15　"长方体"命令的参数

- 长度：设置长方体的长度。
- 宽度：设置长方体的宽度。
- 高度：设置长方体的高度。
- 长度分段：设置长度方向上的分段数，默认值为"1"。大多数三维基本体都有"分段"这一参数，增加分段数的目的是为了对几何体进行曲面效果的编辑修改。需要注意的是，分段数越大，构成几何体的点和面就越多，几何体的复杂度也就越高，这在一定程度上会降低渲染速度。因此，设置分段数值时一定要考虑所建几何体的具体用处。
- 宽度分段：设置宽度方向上的分段数，默认值为 1。
- 高度分段：设置高度方向上的分段数，默认值为 1。
- 生成贴图坐标：生成贴图坐标的目的是为了给对象赋予贴图材质。该复选框默认为选定状态，这时将自动为创建的对象生成贴图坐标。
- 真实世界贴图大小：选择该复选框后，将按照贴图的实际尺寸赋予对象。

 提示：

　　如果需要直接创建立方体，则可在单击"长方体"命令按钮后，先在 "创建方法"卷展栏中选择"立方体"选项，再在视图中拖放鼠标即可完成立方体的创建。

（3）调整对象的参数

对象创建完成后自动处于选定状态，这时可以根据需要直接在命令面板中调整相关参数。取消对象的选择后，如果再想调整其参数，则必须先选择该对象，然后单击命令面板上方的"修改"按钮 🖉 ，在"修改"命令面板中调整其参数。

2．圆锥体

使用"圆锥体"命令按钮可完成如图 2-16 所示的一系列造型。

（1）创建圆锥体的操作步骤

单击"圆锥体"命令按钮后，在任意视图中按下鼠标左键拖动鼠标，在适当的位置处释放左键后，生成锥体的底面，然后上下移动鼠标，生成锥体的高度，单击鼠标左键确定后，再继续移动鼠标，生成圆锥体的顶面，最后单击鼠标左键结束操作。

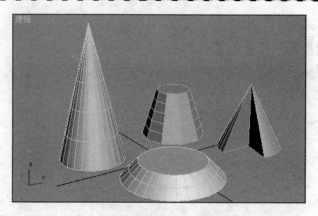

图 2-16   各种圆锥体造型

（2）圆锥体的参数

"圆锥体"的参数如图 2-17 所示。

图 2-17   "圆锥体"的参数

- 半径 1 和半径 2：分别为圆锥体底面和顶面的半径。
- 高度：设置圆锥体的高度。
- 高度分段：设置圆锥体沿高度方向上的分段数。
- 端面分段：设置圆锥体端面（即底面和顶面）沿半径方向上的分段数。
- 边数：设置圆锥侧面的边数。边数越大，圆锥体侧面就越平滑。
- 平滑：默认情况下，该选项为被选定状态，这时建立的圆锥体具有光滑的侧面。如果取消了对"平滑"的选择，那么圆锥体的侧面就是由若干平面构成。
- 切片启用：该参数的作用是生成各种圆锥体的剖切效果。选择该复选框后，可在下面的"切片从"中设置切片的起始角度，在"切片到"中设置切片的终止角度。

3．球体

使用"球体"命令按钮可完成如图 2-18 所示的一系列造型。

（1）创建球体的操作步骤

单击"球体"命令按钮后，在任意视图中按下鼠标左键拖动鼠标，然后释放左键，即可完成球体的创建操作。

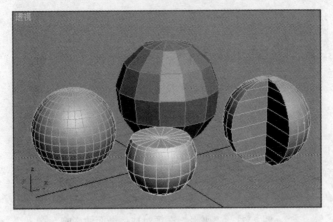

图 2-18　各种球体造型

（2）球体的参数

"球体"的参数如图 2-19 所示。

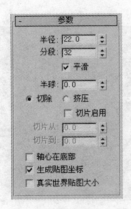

图 2-19　"球体"的参数

● 半径：设置球体的半径。

● 分段：设置球体的分段数。该参数值越大，球体的表面就越平滑，如图 2-20 所示。

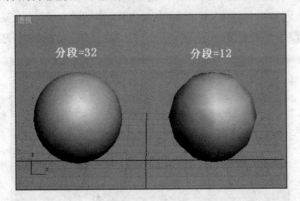

图 2-20　分段值对球体表面平滑度的影响

● 平滑：该复选框默认为选定状态，这时构成球体的面是圆滑的；取消对该复选框的
选择后，构成球体的面就成了多个平面的拼接，如图 2-21 所示。

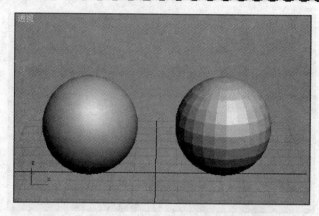

图 2-21　"平滑"选项对球体表面的影响

● 半球：使用该参数可以生成半球体。"半球"值表示球体被切去部分的高度占球体总高度（即直径）的百分比，取值范围为 0～1.0，值越大，生成的半球体高度就越小，如图 2-22 所示。

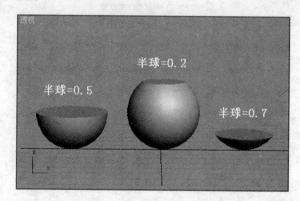

图 2-22　"半球"值对球体形状的影响

● 切除和挤压：指定生成半球体的方式。选择"切除"选项会减少球体的顶点和面的数量，而选择"挤压"选项则会保持总的顶点和面的数量不变。
● 切片启用：该选项可生成如图 2-23 所示的球体切片。选择该复选框后，可在下面的"切片从"中设置切片的起始角度，在"切片到"中设置切片的终止角度。

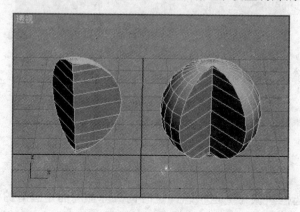

图 2-23　球体切片

4．几何球体

使用"几何球体"命令可完成如图 2-24 所示的一系列造型。

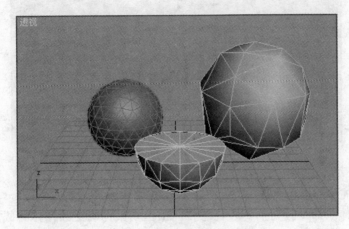

图 2-24　各种几何球体效果

（1）创建几何球体的操作步骤

单击"几何球体"命令按钮后，在任意视图中按下鼠标左键拖动鼠标，然后释放左键，即可完成几何球体的创建操作。

（2）几何球体的参数

"几何球体"的参数如图 2-25 所示。

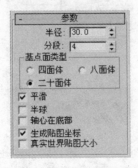

图 2-25　"几何球体"的参数

● 半径：设置几何球体的半径。

● 分段：设置几何球体的分段数。

● 基点面类型：该选项组中提供了 3 个单选按钮，"四面体"、"八面体"、"二十面体"，分别将几何球体划分为 4 个、8 个、20 个相等的分段。

5．圆柱体

圆柱体在建模中应用较广，特别是在建筑设计中常用作各种柱子和横梁的制作。使用"圆柱体"命令按钮可以完成如图 2-26 所示的一系列造型。

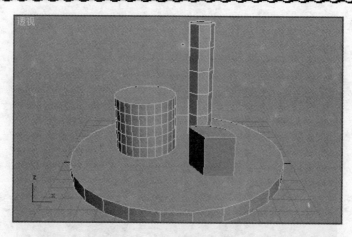

图 2-26　各种圆柱体造型

（1）创建圆柱体的操作步骤

单击"圆柱体"命令按钮后，在任意视图中拖动鼠标确定圆柱体的截面圆，再上下移动鼠标生成圆柱体的高度，最后单击鼠标左键结束操作。

（2）圆柱体的参数

"圆柱体"的参数如图 2-27 所示。

图 2-27　"圆柱体"的参数

- 半径：设置圆柱截面的半径。
- 高度：设置圆柱体的高度。
- 高度分段：设置圆柱体沿高度方向上的分段数。
- 端面分段：设置圆柱截面沿半径方向上的分段数。
- 边数：设置圆柱侧面的边数。边数越大，圆柱侧面就越平滑。
- 平滑：默认情况下，该选项为选定状态，这时建立的圆柱体具有光滑的侧面。如果取消了对该选项的选择，那么圆柱体的侧面就是由若干平面构成的。
- 切片启用：此项参数的作用与前面介绍的"球体"命令的同名参数相同，可生成各种圆柱切片。

6. 管状体

使用"管状体"命令按钮可完成如图 2-28 所示的一系列造型。

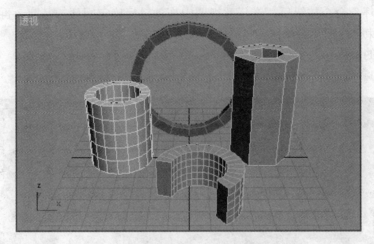

图 2-28 各种管状体造型

（1）创建管状体的操作步骤

单击"管状体"命令按钮后，在任意视图中拖动鼠标确定管状体的基圆，再移动鼠标确定管状体的厚度，单击鼠标左键后继续移动鼠标确定管状体的高度，最后单击鼠标左键结束操作。

（2）管状体的参数

"管状体"的参数如图 2-29 所示。

图 2-29 "管状体"的参数

其中，半径 1 和半径 2 分别表示管状体底面的内径和外径。其余参数的含义与圆柱体的参数相同。

7．圆环

使用"圆环"命令按钮可完成如图 2-30 所示的一系列造型。

（1）创建圆环的操作步骤

单击"圆环"命令按钮后，在任意视图中拖动鼠标确定圆环的基圆，再移动鼠标并单击左键即可结束创建圆环的操作。

（2）圆环的参数

"圆环"的参数如图 2-31 所示。

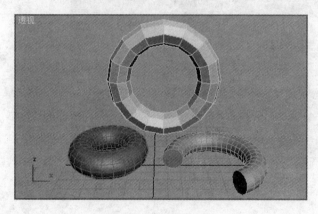
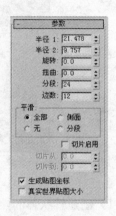

图 2-30　各种圆环造型　　　　　　　　　图 2-31　"圆环"的参数

- 半径 1：整个圆环的半径。
- 半径 2：圆环截面的半径。
- 旋转：该参数可产生圆环截面的旋转效果。
- 扭曲：该参数可产生圆环截面的扭曲效果，如图 2-32 所示。

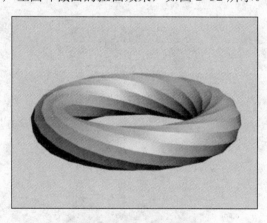

图 2-32　扭曲的圆环

- 分段：设置圆环沿圆周方向上的分段数。
- 边数：设置圆环截面的边数。
- 平滑：此选项组中有"全部"、"侧面"、"无"和"分段"4 个单选项，可以分别得到 4 种不同的平滑效果，如图 2-33 所示。

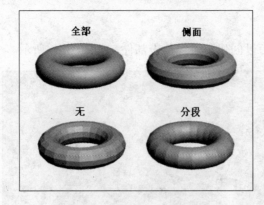

图 2-33　圆环的不同平滑效果

8. 四棱锥

使用"四棱锥"命令按钮可完成如图 2-34 所示的四棱锥造型。

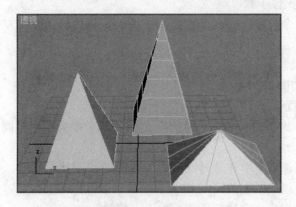

图 2-34　四棱锥造型

（1）创建四棱锥的操作步骤

单击"四棱锥"按钮后，在任意视图中拖动鼠标确定四棱锥的底面，释放鼠标左键后再移动鼠标生成四棱锥的高度，最后单击鼠标左键结束操作。

（2）四棱锥的参数

"四棱锥"的参数如图 2-35 所示，各个参数的含义与"长方体"命令的参数相似。

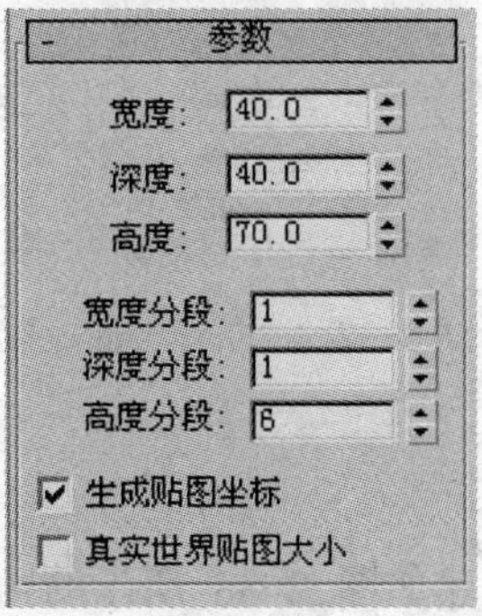

图 2-35　"四棱锥"的参数

9. 茶壶

使用"茶壶"命令可以创建茶壶或茶壶部件，如图 2-36 所示。

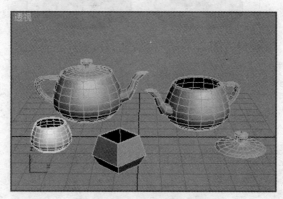

图 2-36　茶壶及茶壶部件

（1）创建茶壶的操作步骤

单击"茶壶"命令按钮后，在任意视图中拖动鼠标再释放鼠标左键，即可完成茶壶的创建。

（2）茶壶的参数

"茶壶"的参数如图 2-37 所示。

- 半径：设置茶壶的半径。
- 分段和平滑：这两项参数与"球体"命令的同名参数作用相同。分段值越大，茶壶表面就越平滑。
- 茶壶部件：该选项组中有 4 个复选框，分别是：壶体、壶把、壶嘴和壶盖，这 4 个选项分别代表组成茶壶的 4 个部件。创建茶壶时，可以在 4 个部件中随意选择。默认情况下同时启用 4 个选项，从而生成完整的茶壶。

图 2-37　"茶壶"的参数

10. 平面

使用"平面"命令按钮可以创建如图 2-38 所示的网格平面造型。创建地面、水面等模型时常使用平面造型。

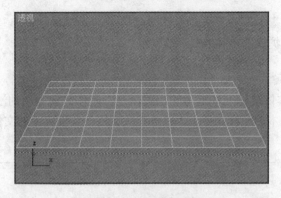

图 2-38　网格平面造型

（1）创建平面的操作步骤

单击"平面"命令按钮后，在任意视图中拖动鼠标再释放鼠标左键，即可完成平面的创建。

（2）平面的相关参数

"平面"的参数如图 2-39 示。

● 长度和宽度：设置平面的长度和宽度。

● 长度分段和宽度分段：设置平面长度方向和宽度方向上的分段数。

● 渲染倍增：该参数栏用于设置渲染时增大创建的平面对象的尺寸和分段数，其中，
  "缩放"可设置平面对象尺寸的倍增比例，"密度"则可设置平面对象长度分段和宽
  度分段的倍增比例。当需要创建一个巨大的平面对象时，只需要创建一个小的参考
  平面即可。

图 2-39　"平面"的参数

2.2　任务 4：制作沙发和茶几——使用扩展基本体构造模型

2.2.1　任务实施

【任务目标】

1．了解 3ds Max 9 中扩展基本体的类型。

2. 掌握创建扩展基本体的有关命令及常用参数。

3. 能够灵活运用扩展基本体构造模型。

【任务内容】

使用创建扩展基本体及标准基本体的相关命令，制作一套简洁的沙发和茶几，如图 2-40 所示。具体效果请参见本书配套光盘上"任务相关文档"文件夹中的文件"任务 4.max"。

图 2-40　沙发和茶几

【制作思路】

沙发框架可用扩展基本体中的"C-Ext"命令及标准基本体中的"长方体"命令创建，沙发坐垫和靠背可用扩展基本体中的"切角长方体"命令创建。茶几面是一个"切角长方体"，茶几支架则是一个"C-Ext"造型。

【操作步骤】

1. 制作沙发框架

（1）启动 3ds Max 9 应用程序后，在"创建/几何体/标准基本体"命令面板中，单击"长方体"命令按钮，在顶视图中创建一个长度、宽度、高度分别为"80"、"210"、"10"的长方体。

（2）创建 C 形对象。在"创建/几何体"命令面板上方的下拉列表中，选择"扩展基本体"，然后在"对象类型"卷展栏中单击"C-Ext"命令按钮，在顶视图中拖动鼠标确定 C 形对象的底部，释放鼠标左键后向上移动鼠标，确定 C 形对象的高度，单击鼠标左键后再移动鼠标确定 C 形对象的厚度。

（3）按照如图 2-41 所示方式，在命令面板的"参数"卷展栏中设置 C 形对象的参数。

图 2-41　设置 C 形对象的参数

（4）按下工具栏中的⚠按钮打开角度捕捉开关，再单击工具栏中的 ↻ 按钮，在顶视图中将 C 形对象绕 Z 轴逆时针旋转 90°。最后按照如图 2-42 所示方式，调整 C 形对象的位置，使之与长方体底板连在一起，构成沙发的框架。

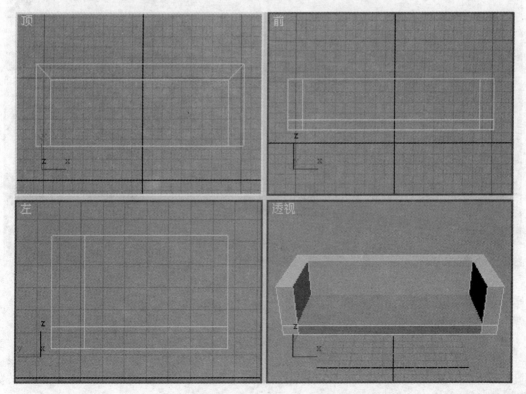

图 2-42　沙发框架

图 2-43　设置切角长方体的参数

2．制作沙发坐垫

（1）创建切角长方体。在"创建/几何体/扩展基本体"命令面板中，单击"切角长方体"按钮，在顶视图中按下鼠标左键拖动鼠标，这时视图中出现一个矩形，释放左键后再向上移动鼠标，生成长方体的高度。继续向上移动鼠标，生成长方体的圆角，最后单击鼠标左键完成创建操作。

（2）按照如图 2-43 所示方式，在命令面板的"参数"卷展栏中设置切角长方体的相关参数。

（3）调整切角长方体的位置。单击工具栏中的 ✥ 按钮，将切角长方体移到沙发框架内，如图 2-44 所示。

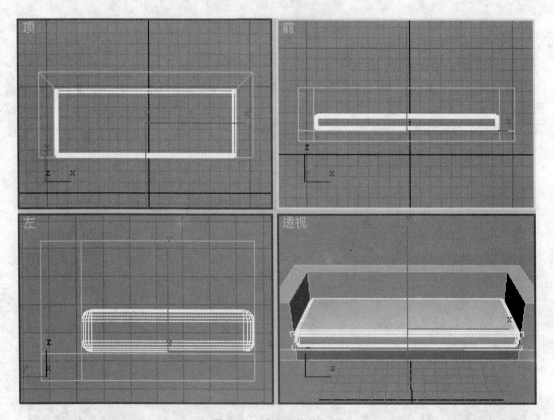

图 2-44　沙发坐垫的位置

3．制作沙发靠背

（1）再次使用"切角长方体"命令，在前视图中创建一个切角长方体，设置其长度、宽度、高度分别为"60"、"60"、"15"，设置圆角和圆角分段分别为"5"和"6"。按如图 2-45 所示方式调整靠背的位置。

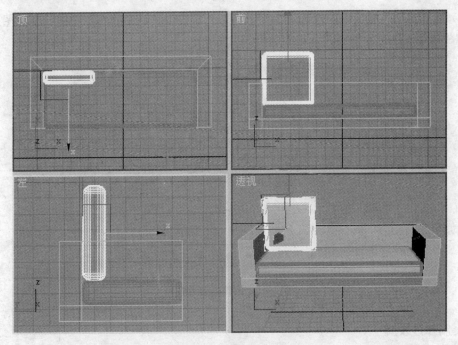

图 2-45　调整沙发靠背位置

（2）复制出另外两个靠背。单击工具栏中的　　　按钮，按住【Shift】键，在前视图将作为靠背的切角长方体沿 X 轴向右拖动，释放鼠标左键后，在弹出的"克隆选项"对话框中，选择"实例"选项，并设置"副本数"为"2"，单击"确定"按钮后，即复制出另外两个切角长方体。按如图 2-46 所示方式，调整复制出的靠背的位置。

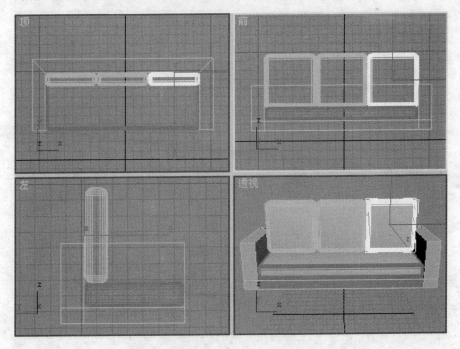

图 2-46　复制出另外两个靠背

（3）将靠背适当斜放。同时选定 3 个靠背，再单击工具栏中的 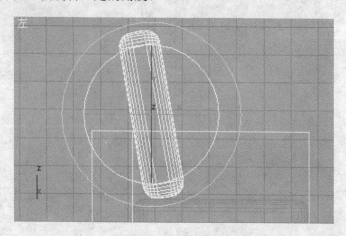 按钮，参照图 2-47，在左视图中将靠背绕 Z 轴旋转一定的角度。

图 2-47　调整靠背的角度

4．制作沙发脚

（1）创建长方体。在"创建/几何体"命令面板上方的下拉列表中，选择"标准基本体"，然后在"对象类型"卷展栏中单击"长方体"命令按钮，在顶视图中创建一个长方体，设置其长度、宽度、高度分别为"15"、"15"、"10"。

（2）调整长方体的位置。单击工具栏中的 按钮，参照如图 2-48 所示方式，将长方体移到沙发框架下面的一侧。

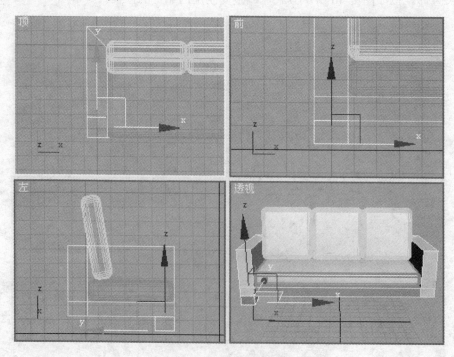

图 2-48　调整沙发脚的位置

（3）复制出另外 3 只沙发脚。单击工具栏中的 ✛ 按钮，然后将鼠标移到顶视图中的沙发脚上，按住【Shift】键，沿着 Y 轴方向拖动鼠标，将复制出的另一只沙发脚拖到沙发的另一侧，释放鼠标左键后，从弹出的"克隆选项"对话框的"对象"栏中选择"实例"，然后单击"确定"按钮。

按照同样的方法，在顶视图中同时选中两只沙发脚，再单击工具栏中的 ✛ 按钮，按住【Shift】键，沿着 X 轴方向拖动鼠标，复制出另外两只沙发脚。

至此，就完成了整个沙发的创建，结果如图 2-49 所示。

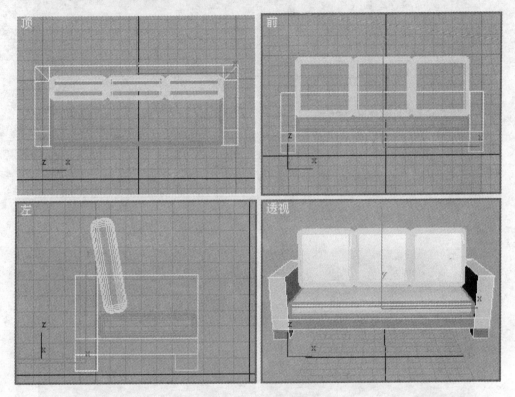

图 2-49 最后的沙发造型结果

5．制作茶几

（1）制作茶几面。使用"创建/几何体/扩展基本体"命令面板中的"切角长方体"命令，在顶视图中创建一个长度、宽度、高度分别为"60"、"120"、"1.5"，圆角和圆角分段分别为"1"和"2"的切角长方体。

（2）制作茶几支架。使用"C-Ext"命令按钮，在前视图中创建一个背面长度、侧面长度、前面长度分别为"35"、"80"、"35"，背面宽度、侧面宽度、前面宽度分别为"3"、"10"、"3"，高度为"46"的 C 形对象。最后在前视图中将创建的 C 形对象绕 Z 轴顺时针旋转 90°。

（3）单击工具栏中的 ✛ 按钮，按照如图 2-50 所示方式，在视图中调整茶几面和茶几支架的位置。

完成后的场景如图 2-51 所示。

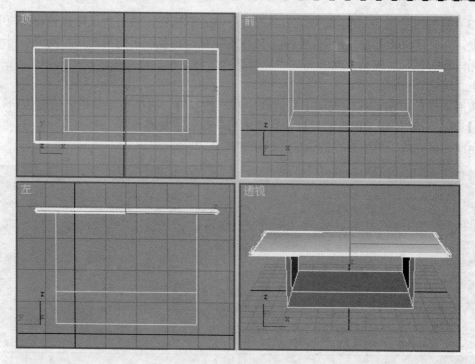

图 2-50   完成后的茶几

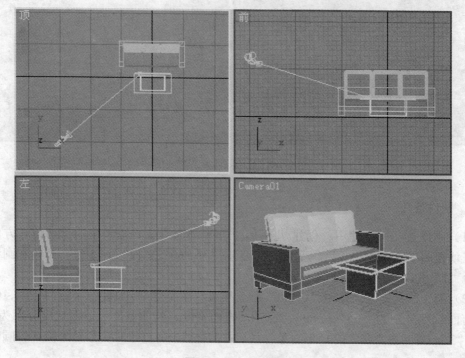

图 2-51   整个场景

6. 指定材质

（1）单击工具栏上"材质编辑器"按钮，打开"材质编辑器"窗口。

（2）将第一个示例球的"漫反射"颜色设置为灰绿色，并将该示例球的材质指定给沙发框架及茶几支架。

（3）将第二个示例球的"漫反射"颜色设置为灰白色，并将该示例球的材质指定给沙发坐垫和靠背。

7．渲染场景

用鼠标在摄像机视图中单击，选择该视图，然后单击工具栏中的 按钮，渲染摄像机视图。

2.2.2　扩展基本体

在"创建/几何体"命令面板上方的下拉列表中选择"扩展基本体"选项，"对象类型"卷展栏中就会出现用于创建扩展基本体的命令按钮，如图 2-52 所示。3ds Max 9 提供了 13 个创建扩展基本体的命令，使用这些命令可以创建如图 2-53 所示的扩展基本体。

图 2-52　"创建/几何体"命令面板的"扩展基本体"选项

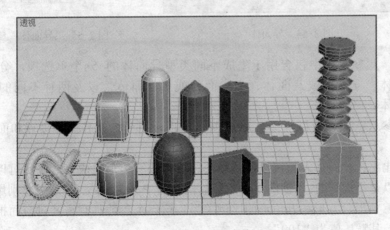

图 2-53　扩展基本体

下面重点介绍几种常用的扩展基本体。

1. 异面体

使用"异面体"命令按钮可完成如图 2-54 所示的一系列奇特外形的异面体造型。

（1）创建异面体的操作步骤

打开"创建/几何体"命令面板的"扩展基本体"子面板后，单击"异面体"命令按钮，在任意视图中按下鼠标左键拖动鼠标，再释放鼠标左键时，即完成了异面体的创建。

（2）异面体的参数

"异面体"参数的设置如图 2-55 所示。

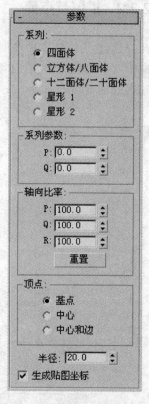

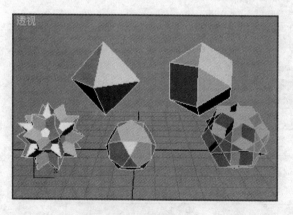

图 2-54　异面体　　　　　　　　图 2-55　"异面体"参数的设置

- 系列：此参数栏中包含用于生成不同类型异面体的 5 个单选项，分别用于创建四面体、立方体或八面体、十二面体或二十面体，以及两种不同的类似星形的异面体。
- 系列参数：此参数栏包括 P 和 Q 两个选项，用于控制异面体顶点和面之间的形状转换。
- 轴向比率：异面体表面可以由三角形、方形或五角形组成，这些面可以是规则的，也可以是不规则的。"轴向比率"参数栏中的 P、Q、R 三个参数分别用于控制异面体中三角形、方形和五角形的比例关系。这三个参数具有将其对应面推进或推出的效果。其默认值为"100"。
- 半径：异面体外接圆的半径。

2．环形结

使用"环形结"命令按钮可以创建复杂的或带结的环形造型，如图 2-56 所示。

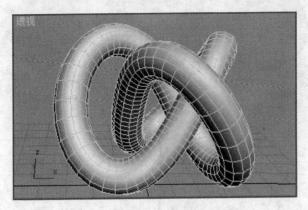

图 2-56　环形结

（1）创建环形结的操作步骤

单击"环形结"命令按钮后，在任意视图中拖动鼠标确定环形结的半径，放开鼠标左键后继续移动鼠标确定环形结的截面半径，最后单击鼠标左键结束操作。

（2）环形结的参数

"环形结"参数的设置如图 2-57 所示。

- 基础曲线：此参数栏中包含一组用于设置环形结基本外形的参数。

▲ 结和圆：使用"结"时，环形将基于其他各种参数自身交织。使用"圆"时，基础曲线是圆形，这时在默认状态将产生标准圆环形。

▲ 半径：设置基础曲线的半径。

▲ 分段：设置环形结的分段数。

▲ P 和 Q：这两项参数只有在选中"结"时才处于激活状态。分别表示环形结上下的圈数和由中心向外环绕的圈数。

▲ 扭曲数和扭曲高度：这两项参数只有在选中"圆"时才处于激活状态。如图 2-58 所示为不同扭曲数和扭曲高度的环形结效果。

图 2-57　"环形结"参数的设置

- 横截面：此参数栏用于调整环形结的横截面。

▲ 半径：设置环形结横截面的半径。

▲ 边数：设置环形结横截面周围的边数。

▲ 偏心率：设置环形结横截面主轴与副轴的比率。其值为"1"时将产生圆形横截面，其他值则将形成椭圆形横截面。

▲ 扭曲：设置横截面围绕基础曲线扭曲的次数。

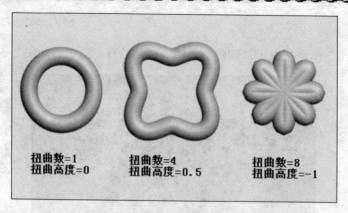

图 2-58　不同扭曲数和扭曲高度的环形结

▲ 块和块高度：设置环形结中的凸出数量。当"块高度"值非"0"时，才能看到其效果。如图 2-59 所示为基础曲线为"圆"时，不同块和块高度的环形结效果。

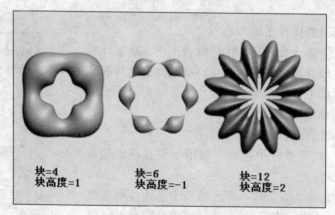

图 2-59　不同块和块高度的环形结

3．切角长方体

使用"切角长方体"命令按钮可以创建带倒角或圆形边的长方体，如图 2-60 所示。

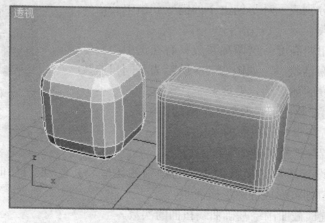

图 2-60　切角长方体

（1）创建切角长方体的操作步骤

单击"切角长方体"命令按钮后，在任意视图中拖动鼠标生成长方体的底面，单击鼠标左键确定后继续向上或向下移动鼠标，生成长方体的高度，再次单击鼠标左键后向上移动鼠标，产生长方体的倒角效果，最后单击鼠标左键结束操作。

（2）切角长方体的参数

"切角长方体"参数的设置如图 2-61 所示。

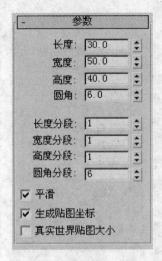

图 2-61 "切角长方体"参数的设置

"切角长方体"的参数与标准基本体中长方体的参数基本相同，其中"圆角"参数用于设置倒角的程度，"圆角分段"参数可设置倒角的分段数，其值越大，倒角就越平滑。

4. 软管

软管是一个能连接两个对象的弹性对象，使用"软管"命令按钮可以创建如图 2-62 所示的一系列造型。

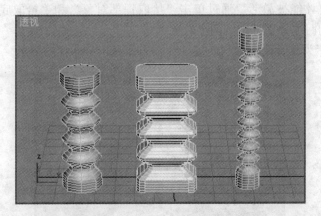

图 2-62 软管

（1）创建软管的操作步骤

单击"软管"命令按钮后，在任意视图中拖动鼠标生成软管的截面，再向上或向下移动鼠标生成软管的高度，最后单击鼠标左键结束创建软管的操作。

（2）软管命令的参数

"软管"命令的参数较复杂，如图 2-63 所示。

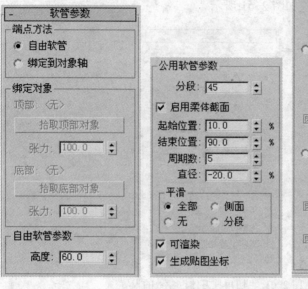

图 2-63 "软管"命令的参数

● 端点方法：此参数栏用于设置软管的类型。"自由软管"生成两端不受任何约束的软管；"绑定到对象轴"生成两端绑定在指定对象轴心的软管，使用该选项可以制作自动连接两个对象的软管。选择"绑定到对象轴"选项时，可以使用下面"绑定对象"参数栏中的按钮将软管绑定到两个对象。

● 绑定对象：只有在"端点方法"参数栏中选择了"绑定到对象轴"选项时，"绑定对象"参数栏才能被激活。通过单击"拾取顶部对象"和"拾取底部对象"按钮，可以将软管的两端分别绑定到两个对象上。

如图 2-64 所示为软管两端分别连接一个长方体和一个球体的情形。

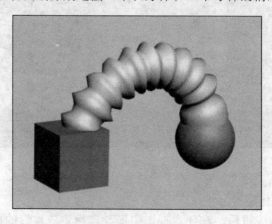

图 2-64 连接两个对象的软管

- 自由软管参数：只有在"端点方法"参数栏中选择了"自由软管"选项时，此参数栏才有效。其中的"高度"用于设置自由软管的高度。
- 公用软管参数：用于设置不同类型软管的公用参数。
  - ▲ 分段：用于设置软管沿高度方向上的分段数。当软管弯曲时，增大该选项的值可使曲线更平滑。
  - ▲ 启用柔体截面：该选项默认为激活状态，这时软管具有皱褶效果。
  - ▲ 起始位置和结束位置：分别用于设置皱褶开始和结束的位置。
  - ▲ 周期数：设置皱褶的数量。
  - ▲ 直径：指定软管皱褶的直径。直径值为负值时，皱褶会向内凹陷；直径值为正值时，皱褶会向外凸出。
  - ▲ 平滑：设置软管的平滑效果。
- 软管形状：用于设置软管截面的形状。其中提供了 3 种形状：圆形、长方形、D形。默认设置为"圆形软管"。

2.3　任务 5：制作镂空小笔筒——使用布尔操作生成复杂模型

2.3.1　任务实施

【任务目标】

1. 理解布尔运算的运用场合，掌握布尔运算的操作方法。
2. 了解常用复合对象的创建方法。

【任务内容】

布尔运算是一种常用的在简单的三维几何体基础上生成复杂模型的方法。本任务使用布尔运算的操作，制作一个漂亮的带圆孔镂空装饰的小笔筒，如图 2-65 所示。具体效果请参见本书配套光盘上"任务相关文档"文件夹中的文件"任务 5.max"。

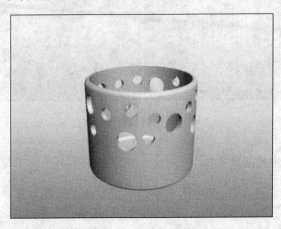

图 2-65　镂空小笔筒

【制作思路】

笔筒主体可由两个切角圆柱体通过布尔运算生成，笔筒上的镂空圆孔则用笔筒主体减去若干小圆柱体的方法形成。

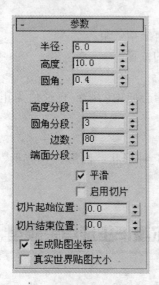

图 2-66　切角圆柱体的参数设置

【操作步骤】

1. 创建基本造型

（1）启动 3ds Max 9 后，在"创建/几何体"命令面板上方的下拉列表中选择"扩展基本体"。

（2）在"对象类型"卷展栏中单击"切角圆柱体"按钮，在顶视图中创建一个切角圆柱体。按照如图 2-66 所示方式，在"参数"卷展栏中设置其相关参数。

（3）单击工具栏中的 按钮，按住【Shift】键，在前视图中沿 Y 轴向上拖动切角圆柱体，释放鼠标左键后，在弹出的"克隆选项"对话框中选择"复制"，复制出另一个切角圆柱体。将复制得到的切角圆柱体的半径修改为"5.5"，其余参数不变。两个切角圆柱体的位置如图 2-67 所示。

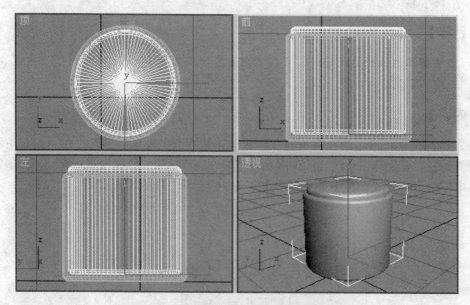

图 2-67　两个切角圆柱体的位置

2. 使用布尔运算生成笔筒主体

（1）在"创建/几何体"命令面板的下拉列表中选择"复合对象"。

（2）选择大的切角圆柱体，单击"对象类型"卷展栏中的"布尔"按钮，再在"拾取布尔"卷展栏中单击"拾取操作对象 B"按钮，最后在视图中单击小的切角圆柱体。布尔运算的结果如图 2-68 所示。

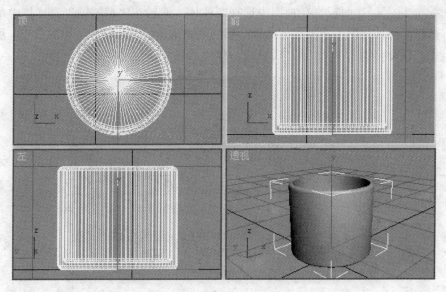

图 2-68 笔筒的基本造型

3．制作笔筒身上的镂空圆孔

（1）打开"创建/几何体/标准基本体"命令面板，然后在"对象类型"卷展栏中单击"圆柱体"按钮，在前视图中拖放鼠标创建一个圆柱体，在命令面板的"参数"卷展栏中，设置半径为"1"，高度为"3"，高度分段为"1"。参照图 2-69，将圆柱体移到要生成镂空圆孔的位置。

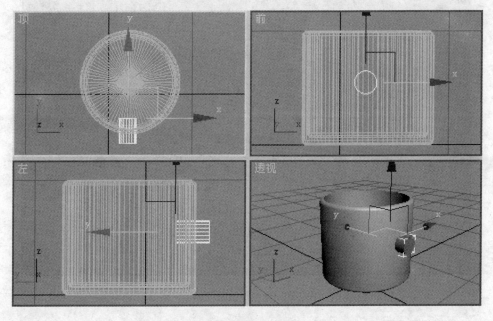

图 2-69 圆柱体的位置

（2）调整圆柱体的轴心位置，为旋转复制圆柱体作准备。单击命令面板上方的"层次"按钮，进入层次面板。在视图中选择圆柱体，然后在"调整轴"卷展栏中单击"仅影响轴"按钮。在顶视图中将圆柱体的轴心移到笔筒主体的中心位置，如图 2-70 所示。最后再次单击"仅影响轴"按钮，结束轴心的调整。

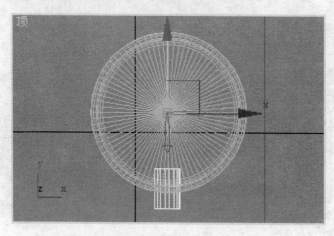

图 2-70　调整圆柱体的轴心

（3）复制圆柱体。确认圆柱体被选定，单击工具栏中的 按钮，按住【Shift】键，在顶视图中将圆柱体绕 Z 轴旋转 45°。释放鼠标左键后，在弹出的"克隆选项"对话框中选择"复制"，设置"副本数"为"7"，最后单击"确定"按钮。结果如图 2-71 所示。

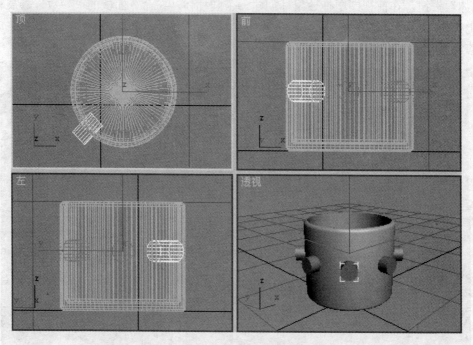

图 2-71　复制圆柱体

（4）再制作一组稍小的圆柱体。使用相同的方法，制作一组半径为"0.6"的圆柱体，如图 2-72 所示。

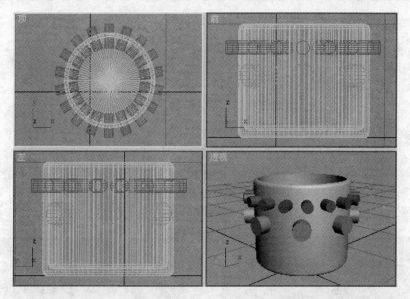

图 2-72　制作一组稍小的圆柱体

（5）调整圆柱体的位置。按照如图 2-73 所示方式，在视图中调整大圆柱体和小圆柱体的位置，使其排列错落有致。

（6）将所有的圆柱体合并成一个整体。选择任意一个圆柱体，然后打开"修改"命令面板，在"修改器列表"中选择"编辑网格"。再在命令面板的"编辑几何体"卷展栏中单击"附加列表"按钮，在弹出的"附加列表"对话框中选择所有的圆柱体，最后单击"附加"按钮，即可将所有的圆柱体都合并成一个整体。

提示：

如果要在一个对象上进行多次布尔运算的"差集"运算，那么最好先将所有要参与运算的对象合并成一个整体，否则，会因运算次数太多而产生错误。

（7）使用布尔运算制作镂空圆孔。在"创建/几何体"命令面板的下拉列表中选择"复合对象"。在视图中选择笔筒主体后，单击"对象类型"卷展栏中的"布尔"按钮，再在"拾取布尔"卷展栏中单击"拾取操作对象 B"按钮，然后在视图中单击合并成一个整体的圆柱体，这样，笔筒上就挖出了多个镂空圆孔。结果如图 2-74 所示。

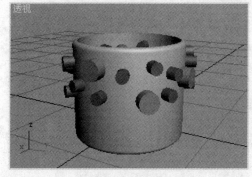

图 2-73　调整圆柱体的位置

图 2-74　笔筒上挖出多个镂空圆孔

4．渲染场景

用鼠标单击透视图，然后单击工具栏中的 按钮，渲染场景。

2.3.2 布尔操作

布尔操作可以将两个几何体通过并集、交集或差集运算而形成一个几何体（即布尔对象），如图 2-75 所示。

● 并集：布尔对象包含两个原始对象的体积，将移除几何体的相交部分或重叠部分。
● 交集：布尔对象只包含两个原始对象重叠位置的体积。
● 差集：布尔对象包含从中减去相交体积的原始对象的体积。

两个原始对象

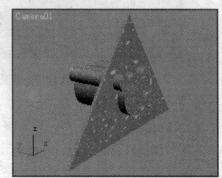

并集

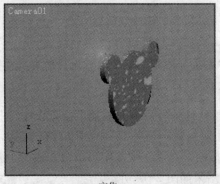

交集

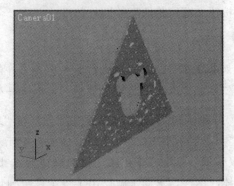

差集

图 2-75　布尔操作

1．执行布尔操作的一般步骤

进行布尔操作时，场景中要求有两个或两个以上的模型。执行布尔操作的一般步骤如下：

（1）在"创建/几何体"命令面板的下拉列表中选择"复合对象"。

（2）在视图中选择一个模型作为运算对象 A，然后单击"对象类型"卷展栏中的"布尔"按钮。

（3）在"参数"卷展栏中设置布尔操作的方式后，再在"拾取布尔"卷展栏中单击

"拾取操作对象 B"按钮，最后在视图中单击运算对象 B，即可完成 A 模型与 B 模型的布尔操作。

2．布尔命令的常用参数

"布尔"命令的主要参数如图 2-76 所示。

（1）"拾取布尔"卷展栏

该卷展栏用于设置选取运算对象 B 的方式。

- 参考：是指将原始对象的一个参考复制品作为运算对象 B，进行布尔运算后，修改原始对象的操作会直接反映在运算对象 B 上，但修改运算对象 B 的操作不会影响原始对象。
- 复制：是指将原始对象的一个复制品作为运算对象 B 进行布尔运算，原始对象与运算对象 B 之间不会相互影响。
- 移动：是指将原始对象直接作为运算对象 B，进行布尔运算后，原始对象消失。
- 实例：是指将原始对象的一个实例复制品作为运算对象 B 进行布尔运算，修改其中一个对象将影响到另一个对象。

（2）"参数"卷展栏

- 操作对象：列出了所有进行布尔运算的对象名称，选择相应的对象后，可通过修改器堆栈在命令面板中对选定对象进行编辑。
- 操作：该栏中提供了 5 种布尔操作方式，即：并集、交集、差集（A-B）、差集（B-A）和切割。

（3）"显示/更新"卷展栏

图 2-76 "布尔"命令的参数面板

该卷展栏用于设置布尔对象的显示和更新方式。

- 显示：设置布尔对象的显示方式。
- ▲ 结果：表示只显示最后的布尔运算结果。
- ▲ 操作对象：表示显示所有的运算对象。
- ▲ 结果+隐藏的操作对象：表示在视图中以线框方式显示结果和隐藏的运算对象。
- 更新：设置何时更新布尔对象。
- ▲ 始终：更新操作对象时立即更新布尔对象。
- ▲ 渲染时：当渲染场景或单击"更新"按钮时才更新布尔对象。
- ▲ 手动：只有在单击"更新"按钮时，才更新布尔对象。

2.3.3 关于复合对象

复合对象是在两个或多个对象的基础上形成的单个对象。3ds Max 9 提供了包含布尔对象在内的共 12 种复合对象类型，如图 2-77 所示。

图 2-77　复合对象的类型

在第 3 章中，将详细介绍放样复合对象的创建方法。

2.4　上机实战

2.4.1　算盘

【项目内容】

参照本书配套光盘上"实战"文件夹中的文件"实战 2-1.jpg"，制作一把算盘，其渲染效果如图 2-78 所示。

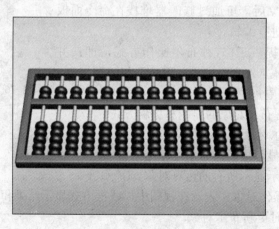

图 2-78　算盘

【训练重点】

（1）创建标准基本体和扩展基本体。

（2）由简单几何体构造复杂模型。

（3）布尔操作。

（4）克隆对象。

【操作提示】

（1）制作算盘框架和中间横梁。使用"切角长方体"命令创建两个切角长方体，再通过布尔操作的差集运算，将切角长方体挖成算盘框架。算盘中间的横梁也是一个切角长方体，如图 2-79 所示。

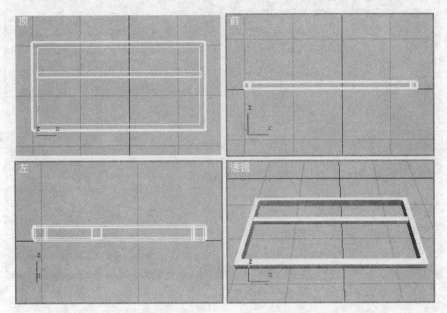

图 2-79   算盘框架和中间横梁

（2）制作档。参照图 2-80，使用"圆柱体"命令制作用于穿算珠的档。

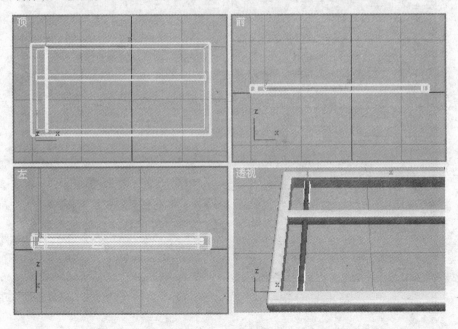

图 2-80   档

（3）制作算珠。使用"圆环"命令创建一个圆环作为算珠，将算珠移到圆柱体的位置，使圆柱体穿过算珠。再使用克隆的方法制作出上面的两颗算珠和下面的五颗算珠，如图 2-81 所示。

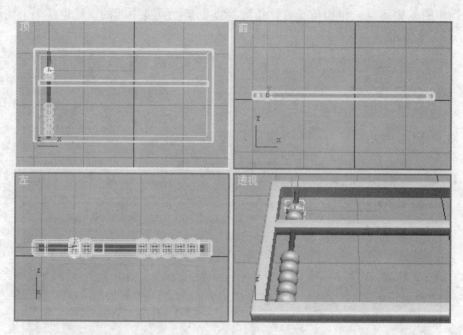

图 2-81　算珠

（4）复制算珠。同时选定档和算珠，再克隆出其他档和算珠，如图 2-82 所示。

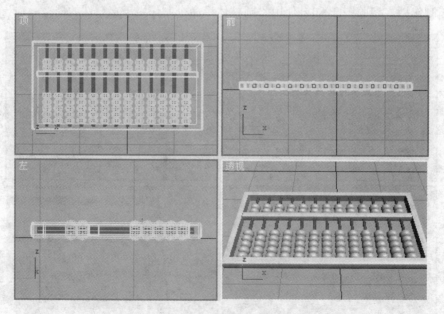

图 2-82　完成后的算盘

2.4.2 书房一角

【项目内容】

参照本书配套光盘上"实战"文件夹中的文件"实战 2-2.jpg",制作书桌、椅子及书桌上的台灯,其渲染效果如图 2-83 所示。

图 2-83 书房一角

【训练重点】

(1)由简单几何体构造复杂模型。
(2)构建较复杂场景。

【操作提示】

(1)创建房间框架。启动 3ds Max 9 应用程序之后,使用命令面板中的长方体命令,在视图中分别创建墙壁和地板,如图 2-84 所示。

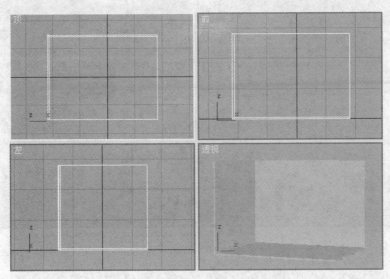

图 2-84 房间框架

（2）创建窗户。使用布尔运算在墙上挖出窗户口，再打开"创建/几何体/窗"命令面板，使用"遮篷式窗"命令，创建一个窗户，如图 2-85 所示。

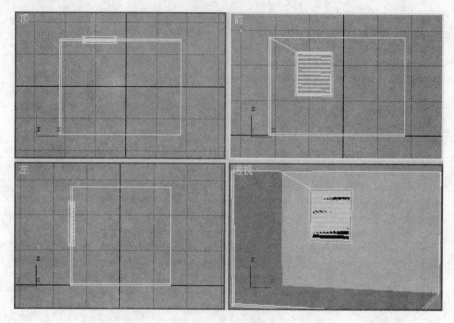

图 2-85   创建窗户

（3）参照图 2-86，分别使用切角长方体、长方体、球体等命令创建书桌。

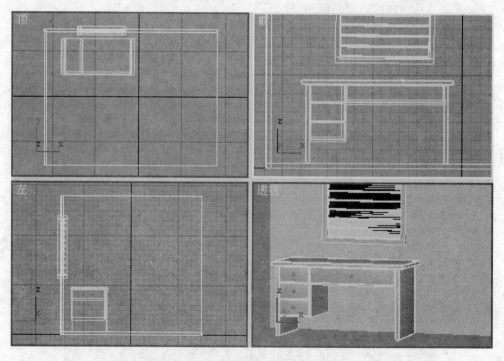

图 2-86   创建书桌

（4）参照图 2-87，分别使用切角长方体、软管、切角圆柱体等命令创建椅子。

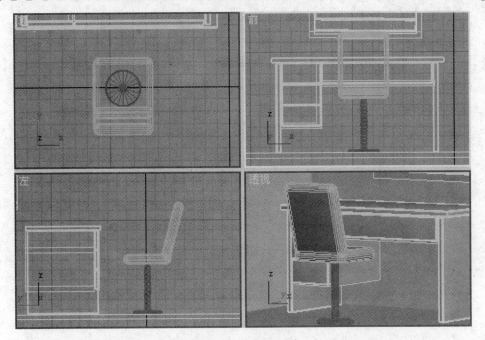

图 2-87 创建椅子

（5）参照图 2-88，分别使用管状体、圆柱体和长方体命令创建台灯。

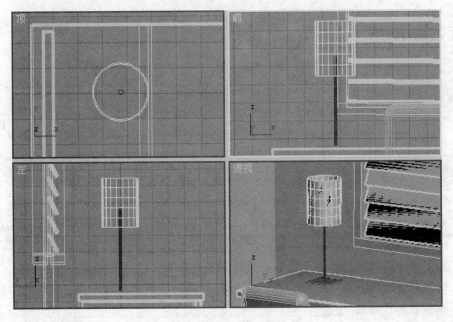

图 2-88 创建台灯

（6）将任务 5 中制作的镂空笔筒合并到场景中。执行"文件→合并"菜单命令，在弹出的"合并文件"对话框中选择"任务 5.max"文件，单击"打开"按钮后，再在弹出的"合并"对话框中选择"笔筒"，如图 2-89 所示，最后单击"确定"按钮，即可将笔筒合并到当前场景中。单击工具栏中的 ✛ 按钮，将笔筒移到桌面上。

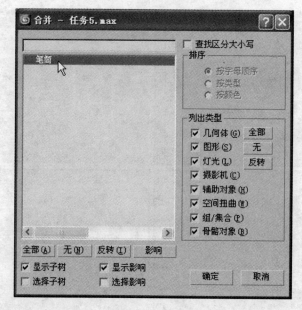

图 2-89　合并对象

（7）使用长方体等命令，制作墙上的装饰画。

（8）为场景中的各个模型指定材质。

 习题与训练

一、填空题

1. 3ds Max 9 提供的几何体模型分为_____和_____两类。

2. 列出 6 种常用的标准基本体：_____、_____、_____、

_____、_____、_____。

3. 列出 6 种常用的扩展基本体：_____、_____、_____、

_____、_____、_____。

4. 复合对象是在_____的基础上形成的单个

对象。

5. 如果想使创建的球体表面更平滑，则应修改其_____参数。

6. 单击命令面板中的_____按钮，可以查看或修改选定对象的参数。

7. ◉按钮的作用是_____。

8. 布尔操作有_____、_____、_____、

_____等方式。

二、简答题

1. 简述在 3ds Max 9 中创建三维几何体的一般操作步骤。

2. 创建几何体时，是否将"分段"参数的值设置得越大越好？为什么？

3．简述执行布尔操作的一般操作步骤。

三、上机操作

参照图 2-90，在任务 4 制作的沙发和茶几的基础上，构建一个客厅室内场景（效果可参见本书配套光盘上"实战"文件夹中的文件"实战 2-3.jpg"）。

图 2-90　客厅

第3章 二维图形建模

【内容导读】

在 3ds Max 9 中，有些复杂的三维造型不能被分解成简单的基本几何体，这些复杂的物体往往需要先创建二维图形，再通过各种编辑命令生成三维模型。从这个意义上说，二维图形是三维建模的基础。此外，二维图形还可以在动画制作中作为对象的运动路径。

本章将重点介绍二维图形的创建方法、编辑方法，以及实现二维图形向三维模型转变的途径。

【知识要点】

1. 创建二维图形的有关命令及参数。
2. 通过访问二维图形的子对象（顶点、线段、样条线）编辑二维图形。
3. 将二维图形转变为三维模型的命令：挤出、车削、倒角和放样。

【任务一览】

任务 6：制作 max 标志——创建二维图形
任务 7：倒角文字——使用"倒角"修改器产生三维模型
任务 8：花瓶建模——使用"车削"修改器产生三维模型
任务 9：牙膏模型——创建放样复合对象

3.1 任务 6：制作 max 标志——创建二维图形

3.1.1 任务实施

【任务目标】

1. 掌握创建二维图形的有关命令及其常用参数。
2. 掌握通过子对象编辑二维图形的方法和技巧。

【任务内容】

制作如图 3-1 所示的 max 标志。具体效果请参见本书配套光盘上"任务相关文档"文件夹中的文件"任务 6.max"。

图 3-1　max 标志

【制作思路】

将一幅 max 的标志图形作为视图的显示背景，然后以该图形为参照，使用"线"命令勾画 max 的标志图形，再编辑图形的顶点使图形精确，最后使用"挤出"修改器将二维的 max 标志图形变成三维模型。

【操作步骤】

1．设置视图背景

（1）启动 3ds Max 9 应用程序后，单击顶视图，然后执行"视图→视口背景"菜单命令，打开如图 3-2 所示的"视口背景"对话框。

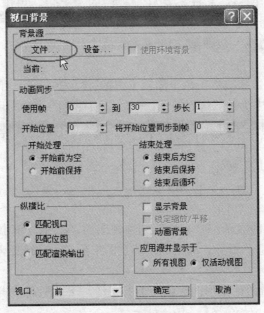

图 3-2　"视口背景"对话框

（2）单击"背景源"中的"文件"按钮，在弹出的"选择背景图像"对话框中，选择本书配套光盘上的文件"任务相关文档\素材\max 标志.tif"。最后单击"视口背景"对话框中的"确定"按钮。这时，顶视图中显示出 max 的标志图形，如图 3-3 所示。

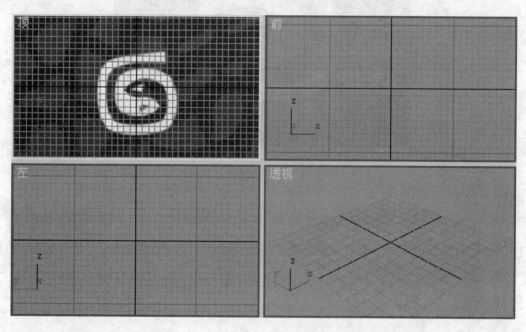

图 3-3   设置视图背景

2．绘制初始图形

（1）隐藏顶视图的网格。将光标移到顶视图的左上角，单击鼠标右键，在弹出的快捷菜单中执行"显示栅格"命令，即可隐藏顶视图的网格。再单击屏幕右下角视图控制区中的"最大化视口切换"按钮，将顶视图最大化。这样，在顶视图中绘制二维图形时就方便多了。

（2）绘制蛇形图形。依次单击命令面板上方的、按钮，打开"创建/图形"面板。在"对象类型"卷展栏中单击"线"按钮，然后以顶视图的背景图形为参照，在顶视图中连续单击左键后再移动鼠标，沿着背景图形的边沿绘制图形。绘制图形的过程中，每一次单击鼠标左键即可创建一个顶点，当最后一个顶点与起始顶点重合时，会弹出"是否闭合样条线"的提示框，单击"是"按钮。

（3）绘制眼睛。在"对象类型"卷展栏中，取消对"开始新图形"的勾选。再沿着背景图形中的眼睛绘制一个三角形。

（4）取消背景图形的显示。将光标移到顶视图的左上角，单击鼠标右键，在弹出的快捷菜单中执行"显示背景"命令，即可取消背景图形的显示，这样可以清楚地观察到刚才绘制的图形，如图 3-4 所示。

从图 3-4 中可以看出，图形的线条还不够平滑。下面通过编辑顶点的方式来使图形更加精确。

图 3-4　绘制初始图形

3．编辑图形

（1）选择绘制的蛇形图形，然后单击命令面板上方的 按钮，打开"修改"面板。单击"可编辑样条线"前面的"+"使之展开，再选择"顶点"，如图 3-5 所示。也可以直接单击"选择"卷展栏中的"顶点"按钮 选择顶点。这时，图形进入顶点层级的编辑状态，其中的所有顶点均显示出来，如图 3-6 所示。

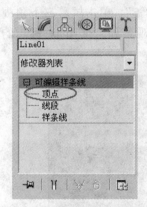

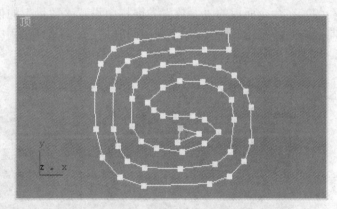

图 3-5　选择"顶点"　　　　　　　　　　图 3-6　顶点层级编辑状态

（2）编辑顶点。分别将光标移到需要作平滑处理的顶点处，单击鼠标右键，在弹出的快捷菜单中选择"平滑"命令，使顶点处的线条变得平滑。

（3）再次将光标移到顶视图的左上角，单击鼠标右键，在弹出的快捷菜单中选择"显示背景"命令，使背景图形又显示出来。单击工具栏中的 按钮，以背景图形为参照，移动个别位置不够准确的顶点，使图形更加精确。

4．镜像生成另一只眼睛

（1）在命令面板中，单击"可编辑样条线"下面的"样条线"，然后选择作为眼睛的三角形，使之变成红色显示。

（2）在命令面板的"几何体"卷展栏中，按下"双向镜像"按钮 ，再勾选下面的"复制"复选框，最后单击"镜像"按钮生成另一只眼睛。

（3）单击工具栏中的 按钮，将镜像生成的眼睛移到背景图形上相应的位置。

（4）在命令面板中，单击"可编辑样条线"。取消背景图形的显示后，可以看到 max 标志图形的最后效果，如图 3-7 所示。

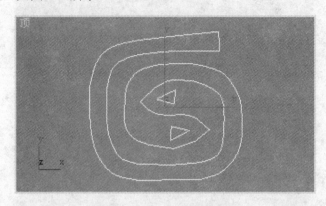

图 3-7　完成后的 max 标志图形

5．生成三维的 max 标志

（1）确定 max 标志图形被选定，在"修改"面板中，单击"修改器列表"右侧的下拉箭头按钮，从弹出的列表中选择"挤出"。

（2）在命令面板的"参数"卷展栏中设置"数量"的值为"5"。单击屏幕右下角视图控制区中的 按钮，恢复 4 个视图同时显示。从透视图中可以观察到三维 max 标志的效果，如图 3-8 所示。

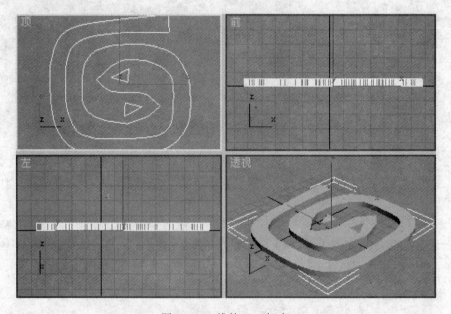

图 3-8　三维的 max 标志

3.1.2　二维图形

二维图形灵活多变，因此通过二维图形转变成三维模型的方法能够得到较复杂的三维造型。3ds Max 9 的"创建/图形/样条线"命令面板中提供了 11 个创建二维图形的命令按钮，如图 3-9 所示。使用这些命令可以创建如图 3-10 所示的各种二维图形。

图 3-9 "创建/图形/样条线"命令面板

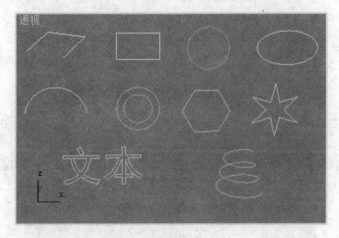

图 3-10 各种二维图形

💡提示：

"对象类型"卷展栏中的"开始新图形"复选框默认为选定状态，此状态下每创建一个二维图形都会成为一个独立的对象。如果取消对该复选框的选择，则新创建的图形都将被加在当前所选图形之中，成为所选图形的一部分。

1. 线

线是二维造型的基础，3ds Max 9 中的线由多个分段构成。使用"线"命令可以创建由直线段或曲线段构成的任意形状的样条线。建立不规则图形时通常使用"线"命令。

（1）创建线的操作步骤

单击"线"按钮后，在视图中连续单击并移动鼠标，即可完成线的创建操作。在画线的过程中，如果把光标移到起始点处单击鼠标左键，则屏幕上会弹出"是否闭合样条线"的提示框。若单击"是"按钮,则生成闭合多边形,并结束"线"命令的执行;若单击"否"按钮,则可继续画线,直到单击鼠标右键结束创建线的操作。

(2)线命令的参数

"线"命令的有关参数如图 3-11 所示。

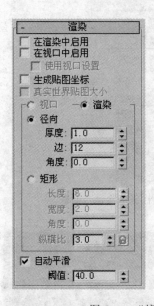
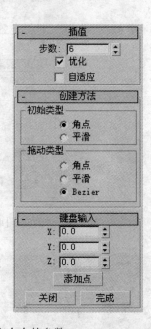

图 3-11　"线"命令的参数

"渲染"卷展栏: 每种二维图形的参数面板中都有"渲染"卷展栏,用于将二维图形设置成可被渲染状态。

● 在渲染中启用:默认状态下,二维图形在渲染中是不可见的。勾选该复选框后,渲染输出后可看见二维图形的效果,如图 3-12 所示。

图 3-12　二维图形的渲染效果

● 在视口中启用:选择该复选框后,二维图形以三维网格的形式显示在视图中,如图 3-13 所示。

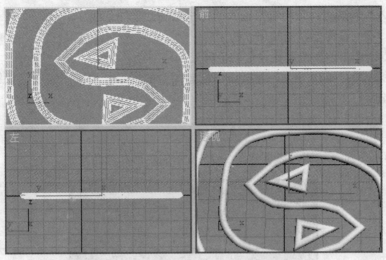

图 3-13　勾选"在视口中启用"后的效果

- 径向：将二维图形的线条显示为圆柱体。其中的"厚度"设置样条线的粗细，"边"设置横截面的边数。
- 矩形：将二维图形的线条显示为矩形。其中的"长度"和"宽度"分别设置横截面矩形的长和宽。

"插值"卷展栏： 用于控制样条线生成的方式。除螺旋线和截面外，所有创建二维图形的命令都有此卷展栏。

- 步数：条线上的每个顶点之间的划分数量称为步数。步长越大，显示的曲线就越平滑。
- 优化：启用该选项后，可以从样条线的直线线段中删除不必要的步数。
- 自适应：启用该选项后，可自动设置每个样条线的步数，以生成平滑曲线。

"创建方法"卷展栏： 用于设置图形的创建方式。

- 初始类型：用于设置单击鼠标绘制线时的顶点类型。当选择"角点"选项时，在画线的过程中每次单击鼠标左键，生成一条直线段。当选择"平滑"选项时，单击鼠标左键则生成光滑的曲线。
- 拖动类型：用于设置拖动鼠标绘制线时每个顶点的类型。有"角点"、"平滑"、"Bezier" 3 种类型，其中，Bezier 类型的曲线可以通过顶点处的两个调节柄来调节曲线形状。

角点、平滑顶点、Bezier 顶点的对比如图 3-14 所示。

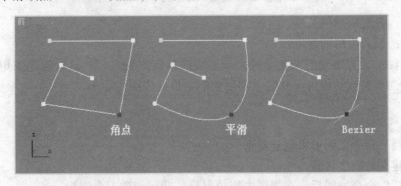

图 3-14　角点、平滑顶点、Bezier 顶点的对比

"键盘输入"卷展栏：使用键盘输入的方法精确创建样条线。

● X、Y、Z：设置要添加的顶点的坐标。

● 添加点：单击该按钮可在设定的坐标处创建顶点。

● 关闭和完成：单击"关闭"按钮可创建闭合的图形，单击"完成"按钮完成样条线
的创建。

2．矩形

使用"矩形"命令按钮可以创建图 3-15 所示的矩形和圆角矩形。

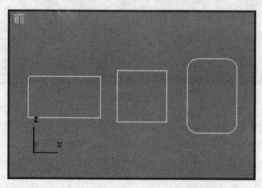

图 3-15 "矩形"命令创建的图形

（1）创建矩形的操作步骤

单击"矩形"命令按钮后，在视图中拖放鼠标即可生成一个矩形。

 提示：

按住【Ctrl】键的同时拖动鼠标，可创建一个正方形。

（2）矩形命令的主要参数

"矩形"命令的主要参数如图 3-16 所示。

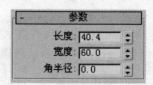

图 3-16 "矩形"命令的主要参数

● 长度：设置矩形的长度。

● 宽度：设置矩形的宽度。

● 角半径：设置矩形的圆角半径。该参数的默认值为"0"，这时创建的矩形是直角矩
形；当该参数的值大于 0 时，则创建的矩形变成圆角矩形。

3．圆

使用"圆"命令按钮可以创建圆形。

（1）创建圆的操作步骤

单击"圆"命令按钮后，在视图中拖放鼠标，即可创建一个圆形。

（2）圆命令的主要参数

"圆"命令的主要参数如图 3-17 所示。

"创建方法"卷展栏：

- 边：以单击点为边缘开始画圆。
- 中心：以单击点为圆心开始画圆。

"参数"卷展栏：

- 半径：用于设置圆的半径。

4．椭圆

使用"椭圆"命令可以创建椭圆。单击"椭圆"按钮后，在视图中拖放鼠标，即可创建一个椭圆。

"椭圆"命令的主要参数如图 3-18 所示。可在"参数"卷展栏中设置椭圆的长度和宽度。

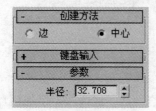

图 3-17 "圆"命令的主要参数

图 3-18 "椭圆"命令的主要参数

5．弧

使用"弧"命令可以创建如图 3-19 所示的各种弧形。

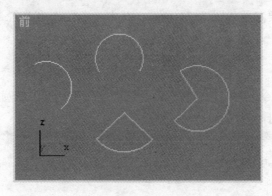

图 3-19 弧形

（1）创建弧的操作步骤

单击"弧"命令按钮后，在视图中拖动鼠标确定圆弧的弦长，放开鼠标左键继续移动鼠标产生圆弧，最后单击鼠标左键结束操作。

（2）弧命令的主要参数

"弧"命令的主要参数如图 3-20 所示。

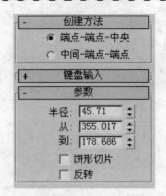

图 3-20 "弧"命令的主要参数

"创建方法"卷展栏：

- 端点-端点-中央：创建圆弧时，先确定弦长，再确定半径。
- 中间-端点-端点：创建圆弧时，先确定半径，再确定弦长。

"参数"卷展栏：

- 半径：设置圆弧的半径。
- 从：设置圆弧的起始角度，其单位为度。
- 到：设置圆弧的终止角度，其单位为度。
- 饼形切片：选择该选项后，圆弧会自动变为闭合曲线，成为一个饼形切片。

6. 圆环

创建圆环的操作步骤为：单击"圆环"命令按钮后，在视图中拖动鼠标绘制一个圆形，放开鼠标左键后再继续移动鼠标绘制第二个圆形，最后单击鼠标左键结束操作。

"圆环"命令的主要参数如图 3-21 所示。其中，半径 1 和半径 2 分别用于设置构成圆环的两个圆的半径。

7. 多边形

使用"多边形"命令按钮可创建直边多边形和圆边多边形（即圆形）。

（1）创建多边形的操作步骤

单击"多边形"命令按钮后，在视图中拖放鼠标即可创建一个多边形。

（2）多边形命令的主要参数

"多边形"命令的主要参数如图 3-22 所示。

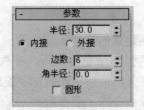

图 3-21 "圆环"命令的主要参数　　　　　图 3-22 "多边形"命令的主要参数

- 半径：设置与多边形相切的圆的半径。
- 边数：设置多边形的边数。
- 角半径：该参数值大于 0 时，可创建圆角多边形。
- 圆形：勾选该复选框后，可创建圆边多边形。

8. 星形

使用"星形"命令按钮可创建如图 3-23 所示的二维图形。

图 3-23 "星形"命令创建的图形

（1）创建星形的操作步骤

单击"星形"命令按钮后，在视图中拖动鼠标确定星形的第 1 个半径，放开鼠标左键后继续移动鼠标确定星形的第 2 个半径，最后单击鼠标左键结束操作。

（2）星形命令的主要参数

"星形"命令的主要参数如图 3-24 所示。

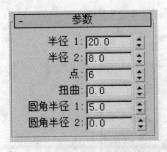

图 3-24 "星形"命令的参数

- 半径 1 和半径 2：分别设置星形的内径和外径。
- 点：设置星形的尖角数，其最小值为 3，最大值为 100。
- 扭曲：该参数可使外部顶点围绕星形中心旋转，产生扭曲效果。
- 圆角半径 1 和圆角半径 2：这两个参数用于设置星形尖角和凹槽的弧度，可使星形的尖角变成圆角。

9. 文本

"文本"命令按钮用于创建文本图形，是创建三维文字造型的基础。

（1）创建文本的操作步骤

单击"文本"命令按钮后，在任意视图中单击鼠标左键，即可创建一个"MAX 文本"图形，然后在"参数"卷展栏的文本框中输入文本内容，"MAX 文本"，即可改变成相应的文本内容。

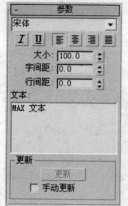

（2）文本命令的主要参数

"文本"命令的主要参数如图 3-25 所示。

● 字体列表：用于设置文本的字体。

● 文本格式按钮：用于设置文本的字形（斜体和下画线），文本的对齐方式（左对齐、居中对齐、右对齐和两端对齐）。

● 大小：设置文本的大小，默认为 100。

● 字间距：设置文本的字间距。

● 行间距：设置文本的行间距。

图 3-25 "文本"命令的主要参数

● 文本：可在该文本框中输入文本的内容，按【Enter】键可以产生多行文本。

10．螺旋线

使用"螺旋线"命令按钮可以创建出如图 3-26 所示的螺旋线造型。

（1）创建螺旋线的操作步骤

单击"螺旋线"命令按钮后，在视图中拖动鼠标确定螺旋线的底面半径，放开鼠标左键后向上或向下移动鼠标生成螺旋线的高度，单击鼠标左键后继续移动鼠标确定螺旋线的顶面半径，最后单击鼠标左键结束操作。

（2）螺旋线命令的主要参数

"螺旋线"命令的主要参数如图 3-27 所示。

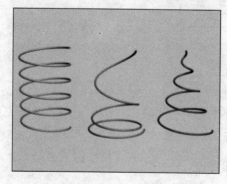

图 3-26 "螺旋线"命令创建的图形

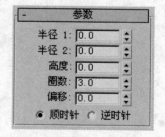

图 3-27 "螺旋线"命令的主要参数

● 半径 1 和半径 2：分别设置螺旋线的底部半径和顶部半径。

● 高度：设置螺旋线的高度。

● 圈数：设置螺旋线线圈的圈数。

● 偏移：设置螺旋线圈是靠近底部还是顶部，其取值范围为-1～1。当偏移值小于 0 时，螺旋线圈靠近底部；当偏移值大于 0 时，螺旋线圈靠近顶部。

● 顺时针和逆时针：设置线圈的绕向。

11. 截面

截面是二维图形中比较特殊的一个，它不是一个简单的二维图形，而是由一个平面截取一个三维模型所得到的横截面。

创建截面的操作步骤为：根据需要创建一个三维模型，然后单击"创建/图形"命令面板中的"截面"按钮，在视图中拖放鼠标创建一个网格平面。将该平面移到三维模型处，使平面与三维模型相交，交界面的图形会以黄线显示。最后单击"截面参数"卷展栏中的"创建图形"按钮，即可完成截面图形的创建。

如图 3-28 所示为由截面截取一个茶壶产生的截面图形。

图 3-28　茶壶的截面图形

3.1.3　编辑二维图形

通过编辑二维图形，可以得到需要的任意形状的图形。一个二维图形包含 3 个子对象层级，即顶点、线段和样条线，通过访问和编辑子对象，可以灵活方便地编辑二维图形。

1. 编辑二维图形的方法

要访问和编辑图形的子对象，就必须将图形转变为可编辑样条线。以下两种方法可将图形转换为可编辑样条线。

（1）在视图中选择要转换的图形，再把光标移到图形处单击鼠标右键，然后在弹出的快捷菜单中选择"转换为：/转换为可编辑样条线"命令。

（2）使用"编辑样条线"修改器。选择要编辑的图形后，单击命令面板上方的 ![按钮] 按钮，打开"修改"面板，再单击"修改器列表"框右侧的箭头按钮，然后在弹出的下拉列表中选择"编辑样条线"，该修改器的相关参数将显示在"修改"面板的下方。

以上两种方法均可以进入顶点、线段和样条线 3 个子对象层级，进行图形的编辑操作。在"选择"卷展栏中单击 ![按钮]、![按钮]、![按钮] 3 个按钮，可以分别进入顶点、线段和样条线三个子对象层级的编辑状态。

💡 提示：

两种编辑二维图形的方法稍有不同。将图形转换成可编辑样条线将丢失图形的创建参数，而使用"编辑样条线"修改器则可保留图形的创建参数。

用"线"命令创建的图形已经是可编辑的样条线，因此不需要再转换。

2．编辑顶点

将图形转换成可编辑样条线或应用了"编辑样条线"修改器后，单击命令面板"选择"卷展栏中的 按钮，即可进入顶点子对象层级进行编辑。

（1）选择顶点

进入顶点编辑状态后，除了图形的起始顶点以黄色显示之外，其余顶点均显示为白色。

- 选择单个顶点：在视图中单击要选择的顶点，使该顶点变成红色，即可选择该顶点。
- 选择多个顶点：按住【Ctrl】键，依次单击所要选择的顶点，即可同时选择多个顶点。按住【Ctrl】键，单击选中的某个顶点，则可取消对该顶点的选择。
- 选择一个区域内的所有顶点：在视图中按下鼠标左键拖动，跟随鼠标的移动会出现一个虚框，松开鼠标后，被虚框框住的顶点均被选择。

（2）改变顶点类型

通过改变顶点的类型，可以灵活改变二维图形的形状。将光标移到要改变类型的顶点处单击鼠标右键，从弹出的快捷菜单中可以设置顶点的类型。有以下 4 种类型的顶点可供选择。

- Bezier 角点：该类型的顶点有两个绿色的角度调节柄，分别改变两个调节柄的方向可调整顶点处的角度。
- Bezier：该类型的顶点同样提供两个调节柄，这两个调节柄相互关联，始终成一直线并与顶点相切。
- 角点：该类型的顶点不提供调节柄，顶点两端的线段呈任意角度。
- 平滑：该类型的顶点不提供调节柄，顶点两端的线段非常平滑。

（3）常用顶点编辑命令

选择顶点后，可以使用工具栏上的 ✛、▢、↻ 按钮对顶点进行移动、缩放和旋转等编辑操作，达到修改图形的目的。除此以外，"几何体"卷展栏中还包含了许多编辑顶点的命令，下面介绍几个常用的编辑顶点的命令。

- 焊接：将两个端点顶点或同一样条线中的两个相邻顶点转化为一个顶点。选择要焊接的两个顶点后，单击"焊接"按钮，如果这两个顶点在按钮右侧由"焊接阈值"微调器设置的单位距离内，则将转化为一个顶点。
- 连接：连接两个端点顶点以生成一个线性线段。单击"连接"按钮后，将鼠标光标移到某个端点顶点处，使光标变成"十"字形，然后从该端点顶点拖动到另一个端点顶点即可。
- 插入：可插入一个或多个顶点。单击"插入"按钮后，在线段中的任意位置单击鼠标可以插入顶点，单击鼠标右键结束插入顶点的操作。
- 圆角和切角：单击"圆角"按钮后，把光标移到要转为圆角的顶点处拖动鼠标，即可在该顶点的位置设置圆角。单击"切角"按钮后拖动某个顶点，则可在该顶点处设置倒角。圆角和切角的效果如图 3-29 所示。

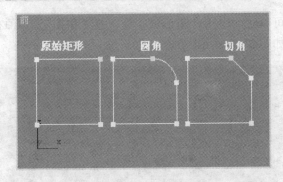

图 3-29 圆角和切角

● 删除：选择顶点后，单击"删除"按钮可删除所选顶点。

3. 编辑线段

单击命令面板"选择"卷展栏中的 ✔ 按钮，即可进入线段子对象层级进行编辑。

（1）改变线段类型

选择线段后，单击鼠标右键，从弹出的快捷菜单中选择"线"或"曲线"命令，即可设置线段类型。

● 线：强制线段以直线显示，可以把曲线拉直。

● 曲线：使线段保持原有的曲率。默认的线段类型为"曲线"。

（2）常用线段编辑命令

选择线段后，可使用命令面板"几何体"卷展栏中提供的线段编辑命令编辑线段。

● 删除：选择线段后，单击"删除"按钮可删除所选线段。

● 拆分：单击"拆分"按钮，可根据按钮右侧微调器指定的顶点数来拆分所选线段。

● 分离：单击"分离"按钮，可将所选线段从原图形中分离出来，构成一个新的图形。

4. 编辑样条线

单击命令面板"选择"卷展栏中的 ⌒ 按钮，即可在样条线层级上完成对二维图形的编辑操作。

"几何体"卷展栏中提供的常用样条线编辑命令如下：

● 轮廓：该命令可以生成平行于样条线的轮廓线。单击"轮廓"按钮后，把光标移到要生成轮廓线的样条线处拖动鼠标，即可生成该样条线的轮廓线，如图 3-30 所示。

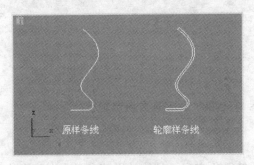

图 3-30 样条线轮廓

● 布尔：该命令可以对两个闭合图形做并集、差集和相交 3 种布尔运算，从而产生一个新的图形，如图 3-31 所示。

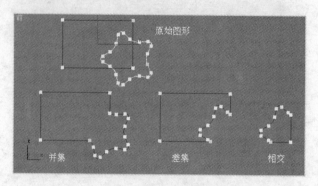

图 3-31　样条线的布尔操作

● 镜像：选择镜像的方向，然后单击"镜像"按钮，即可镜像样条线。有 3 种镜像方向：水平镜像、垂直镜像、双向镜像（即对角线方向），如图 3-32 所示。

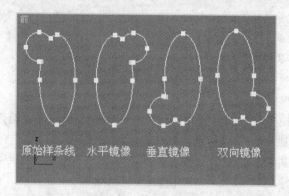

图 3-32　镜像样条线

● 关闭。该命令用于将开放的样条线变成闭合的样条线。

3.2　任务 7：倒角文字——使用"倒角"修改器产生三维模型

3.2.1　任务实施

【任务目标】

掌握"倒角"修改器的使用方法及其常用参数。

【任务内容】

制作如图 3-33 所示的倒角文字，具体效果请参见本书配套光盘上"任务相关文档"文件夹中的文件"任务 7.max"。

图 3-33　倒角文字

【制作思路】

首先使用"文本"命令创建"3DS MAX"的文字图形，再对二维的文字图形使用"倒角"修改器即可。

💡 提示：

二维图形可以通过多种途径转变成三维模型。在任务 1 和任务 6 中介绍过"挤出"修改器的使用方法，"挤出"修改器将二维图形挤出一定的厚度，是最直接的将二维转变成三维的途径。"倒角"修改器也可以将二维图形挤出一定的厚度，同时还能在三维模型的边缘产生平的或圆的倒角效果。"挤出"修改器和"倒角"修改器的效果对比如图 3-34 所示。

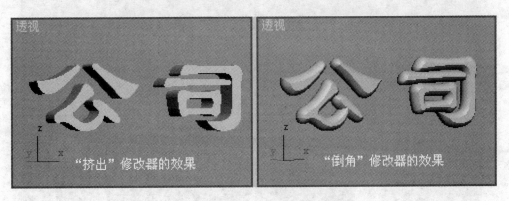

图 3-34　"挤出"修改器和"倒角"修改器的效果对比

【操作步骤】

1. 创建二维文字图形

（1）启动 3ds Max 9 应用程序后，单击命令面板上方的 ⚬ 按钮，打开"创建/图形"命令面板。单击"对象类型"卷展栏中的"文本"按钮。在"参数"卷展栏的文本输入框中输入"3DS MAX"，最后在前视图中单击鼠标左键，在视图中创建"3DS MAX"文字图形。

（2）在"参数"卷展栏的字体列表框中选择"Gungsuh"，结果如图 3-35 所示。

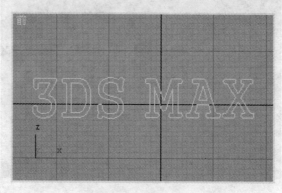

图 3-35　文字图形

2. 使用"倒角"修改器将文字图形变成三维模型

（1）单击命令面板上方的 按钮，打开"修改"面板。再单击"修改器列表"右侧的下拉箭头按钮，从弹出的列表中选择"倒角"。

（2）在命令面板的"参数"卷展栏中，选择"曲线侧面"选项，并将下面的"分段"值设置为"2"。在"倒角值"卷展栏中，将"级别 1"的"高度"和"轮廓"分别设置为"5"、"3"，将"级别 2"的"高度"和"轮廓"分别设置为"10"、"0"，将"级别 3"的"高度"和"轮廓"分别设置为"5"、"–5"。结果如图 3-36 所示。

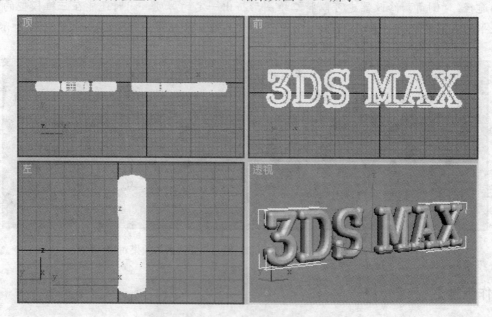

图 3-36　使用"倒角"修改器后的效果

3. 设置渲染背景

（1）执行"渲染→环境"菜单命令，打开"环境和效果"对话框。在"背景"栏中，单击"无"按钮。在弹出的"材质/贴图浏览器"窗口中，双击"Perlin 大理石"。最后关闭"环境和效果"对话框。

（2）单击工具栏中的 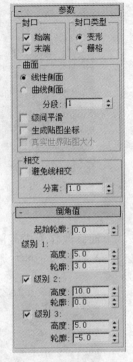 按钮，对透视图进行渲染。

3.2.2　"倒角"修改器

"倒角"修改器常用于文字模型和徽标的处理，其参数的设置如图 3-37 所示。

"参数"卷展栏：

- 封口：设置生成的倒角对象是否需要封口。
- 曲面：控制曲面侧面的曲率、平滑度和贴图。
- ▲ 线性侧面：将倒角内部的片段划分为直线方式。
- ▲ 曲线侧面：将倒角内部的片段划分为弧形方式。通过设置下面的"分段"值，可以使弧形倒角更加平滑。
- ▲ 级间平滑：对倒角进行平滑处理。
- 相交：选择"避免线相交"选项，可以防止尖锐折角产生的突出变形。

"倒角值"卷展栏：

- 起始轮廓：设置原始图形轮廓的大小。默认值为"0"，非"0"时会改变原始图形的大小。
- 级别 1、级别 2、级别 3：分别设置 3 个级别的高度和轮廓。"轮廓"值小于"0"时，形成向内的倒角，"轮廓"值大于"0"时，形成向外的倒角。

图 3-37　"倒角"修改器参数的设置

3.2.3　"倒角剖面"修改器

"倒角剖面"修改器在二维图形的基础上，使用另一个样条图形作为倒角的横截剖面来挤出图形。下面以制作特效苹果标志为例，简单介绍"倒角剖面"修改器的作用及用法。

（1）使用"线"命令绘制二维的苹果标志图形，再用"矩形"命令创建一个较小的矩形作为倒角横截剖面，如图 3-38 所示。

图 3-38　倒角剖面对象的原始图形

（2）选择苹果图形，在"修改"命令面板的修改器列表中选择"倒角剖面"修改器，在"参数"卷展栏中，单击"拾取剖面"按钮，然后把光标移到视图中单击矩形，效果如图 3-39 所示。

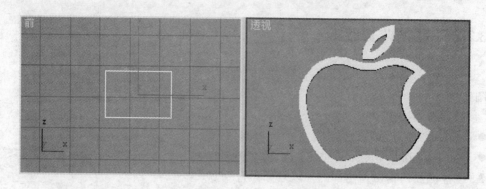

图 3-39　横截剖面图形与倒角剖面对象（一）

下面修改作为横截剖面的图形，观察生成的倒角剖面对象的变化。

（3）调整矩形的参数，使其变成圆角矩形，效果如图 3-40 所示。

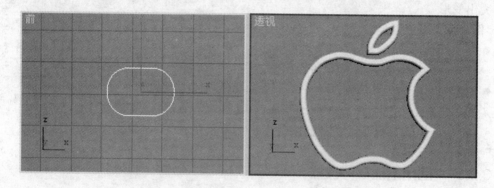

图 3-40　横截剖面图形与倒角剖面对象（二）

（4）进一步编辑矩形，效果如图 3-41 所示。

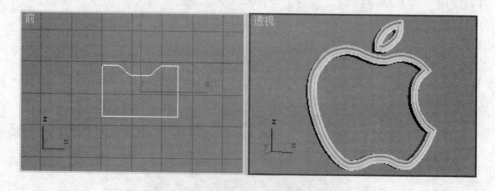

图 3-41　横截剖面图形与倒角剖面对象（三）

3.3　任务 8：花瓶建模——使用"车削"修改器产生三维模型

3.3.1　任务实施

【任务目标】

掌握"车削"修改器的使用方法及其常用参数。

【任务内容】

通过旋转二维图形来产生轴对称三维模型，也是一种常用的从二维到三维的途径。本任务使用"车削"修改器制作如图 3-42 所示的花瓶模型，具体效果请参见本书配套光盘上"任务相关文档"文件夹中的文件"任务 8.max"。在后面第 5 章的材质和贴图中，将为这个花瓶模型指定不同的材质，使其呈现出多种视觉效果。

图 3-42　花瓶

【制作思路】

先用"线"命令勾画花瓶的截面图形，再使用"车削"修改器将截面图形旋转成三维模型。

【操作步骤】

1. 创建花瓶的截面图形

（1）启动 3ds Max 9 后，打开"创建/图形"命令面板，单击"对象类型"卷展栏中的"线"按钮，然后在前视图中绘制如图 3-43 所示的图形。

（2）确认绘制的图形被选定，打开"修改"命令面板，单击 Line 前面的"+"使之展开，再单击"顶点"进入顶点子对象的编辑层级（也可在"选择"卷展栏中单击 ⋮⋮ 按钮进入顶点子对象的编辑层级）。

（3）选择要调整成平滑线条处的顶点，然后单击鼠标右键，从弹出的快捷菜单中选择 Bezier，通过移动顶点或移动 Bezier 顶点的调节柄，使图形轮廓变得平滑。最后再进入样条线层级，使用"几何体"卷展栏中的"轮廓"命令，生成截面图形的轮廓线，结果如图 3-44 所示。

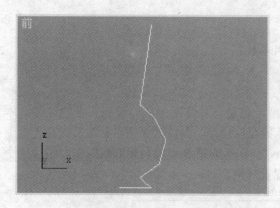
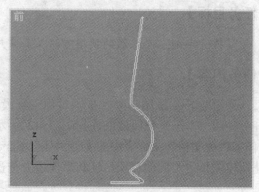

图 3-43　花瓶截面的初始线条　　　　　图 3-44　调整后的花瓶截面图形

2. 使用"车削"修改器将截面图形旋转成三维模型

（1）确认花瓶截面图形处于选定状态，单击"修改器列表"右侧的下拉箭头按钮，从弹出的修改器列表中选择"车削"。这时从视图中可以看到截面图形随即旋转成了三维模型，如图 3-45 所示。

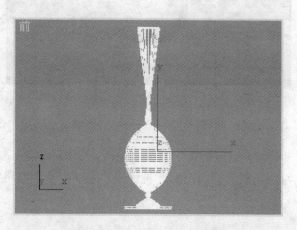

图 3-45　旋转得到的三维模型

（2）在"车削"修改器"参数"卷展栏的"对齐"栏中单击"最小"按钮，即可将转轴对齐在图形的最小坐标处，再设置"分段"为"30"，结果如图 3-46 所示。至此，就完成了花瓶模型的制作。

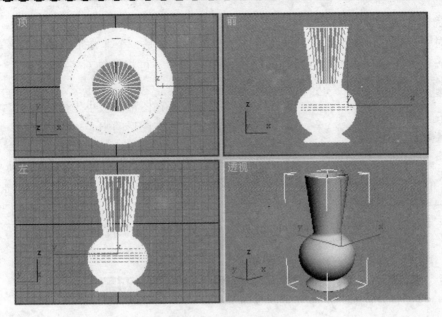

图 3-46　完成后的花瓶模型

（3）选择透视图，然后单击工具栏中的 ◎ 按钮，渲染该视图，观察花瓶模型的效果。

3.3.2　"车削"修改器的有关参数

"车削"修改器的作用是通过绕指定的轴旋转二维图形而得到三维模型，它也是将二维图形转换成三维模型的一种重要方法，常用来建立如柱子、花瓶、盘子、盆子等轴对称模型。

选择要应用"车削"修改器的二维图形，然后单击"修改"面板中"修改器列表"框右侧的下拉箭头按钮，再从弹出的列表中选择"车削"，即可对所选二维图形应用"车削"修改器。

"车削"修改器的参数如图 3-47 所示。

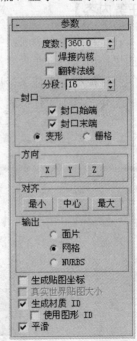

- 度数：设置二维图形绕转轴旋转的角度。取值范围在 0°～360°，默认值为 360°。
- 焊接内核：选中该复选框后，将焊接旋转轴中心的顶点，以简化网格面。
- 翻转法线：选中该复选框后，将使旋转物体表面法线反向，即旋转物体由内至外翻了个面。
- 分段：设置旋转得到的三维模型在圆周方向上的分段数，该值越大，物体表面就越平滑。其默认值为"16"。
- 封口：如果车削对象的"度数"小于"360"，则可通过该选项控制是否在车削对象内部创建封口。
- 方向：设置旋转的转轴。默认情况下，二维图形将

图 3-47　"车削"修改器的参数

绕 Y 轴旋转。

● 对齐：设置转轴对齐在二维图形的哪个位置。这是一个非常重要的参数，转轴的对齐位置将直接影响最后得到的三维模型的外形。可将转轴对齐在以下 3 个不同的位置。

图 3-48 "车削"修改器

　　▲ 最小：将转轴对齐在图形的最小坐标处。
　　▲ 中心：将转轴对齐在图形的中心。
　　▲ 最大：将转轴对齐在图形的最大坐标处。

转轴的位置还可任意调整。应用了"车削"修改器后，在"参数"卷展栏上方的修改器堆栈列表中，单击"车削"前面的"+"号使之展开，如图 3-48 所示，再单击分支中的"轴"，然后使用移动工具 ⊕ 可以任意调整转轴位置。

3.4 任务 9：牙膏模型——创建放样复合对象

3.4.1 任务实施

【任务目标】

1. 理解放样的相关术语，掌握"放样"命令的基本使用方法。
2. 掌握放样变形的使用方法。

【任务内容】

　　在二维图形的基础上产生三维模型的另一条重要途径是使用"放样"命令，与前面介绍的"挤出"、"倒角"、"车削"等命令相比，使用"放样"命令可以得到更复杂、更灵活多变的三维模型。本任务使用"放样"命令制作如图 3-49 所示的牙膏模型，具体效果请参见本书配套光盘上"任务相关文档"文件夹中的文件"任务 9.max"。

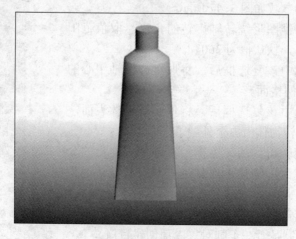

图 3-49 牙膏模型

【制作思路】

先使用创建二维图形的有关命令创建用于放样的路径图形和截面图形，再使用放样变形工具调整出牙膏模型的顶部和底部。

【操作步骤】

1. 创建二维图形

（1）创建作为截面图形的二维图形。启动 3ds Max 9 应用程序后，打开"创建/图形"命令面板，单击"对象类型"卷展栏中的"圆"命令，在前视图中创建一个半径为"30"的圆形。

（2）创建作为放样路径的二维图形。单击"对象类型"卷展栏中的"线"命令，在前视图中创建一条长度约为"150"的直线，如图 3-50 所示。

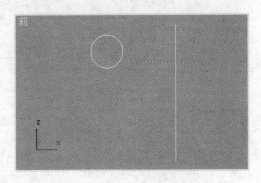

图 3-50　作为截面图形的圆和作为放样路径的直线

2. 使用"放样"命令生成放样对象

（1）打开"创建/几何体"命令面板，在"对象类型"卷展栏上方的下拉列表中选择"复合对象"，打开创建复合对象的命令面板。

（2）在视图中选择直线，然后在"对象类型"卷展栏中单击"放样"命令按钮，再单击"创建方法"卷展栏中的"获取图形"按钮，使该按钮变成黄色显示。

（3）将鼠标移到前视图中的圆形处，注意观察此时鼠标指针的形状，单击鼠标左键拾取圆形作为放样的截面图形。此时，可以观察到在视图中产生了一个圆柱体，如图 3-51 所示。

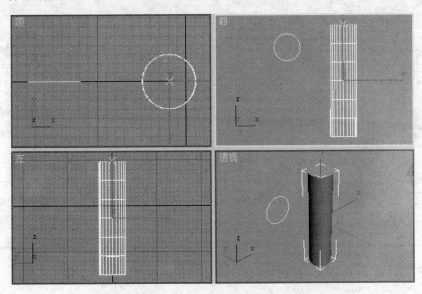

图 3-51　放样得到的三维模型

3. 使用变形工具产生牙膏的顶部和底部

（1）确认放样得到的圆柱体被选定，单击命令面板上方的 按钮，打开"修改"面板。在命令面板的最下方单击"变形"使该卷展栏展开，最后单击其中的"缩放"按钮，打开如图 3-52 所示的"缩放变形"窗口。

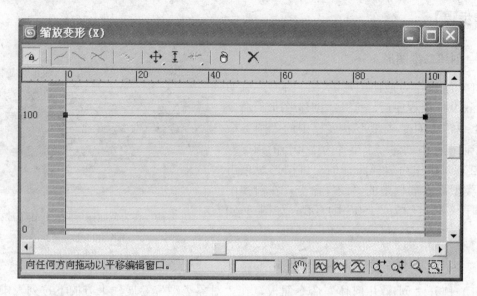

图 3-52　"缩放变形"窗口

（2）在"缩放变形"窗口中单击工具栏上的 （插入角点）按钮，然后在窗口内的红色直线上增加 2 个控制点，如图 3-53 所示。

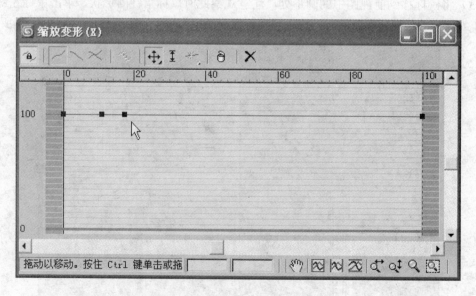

图 3-53　插入 2 个控制点

（3）单击窗口工具栏中的 按钮，参照图 3-54，调整各个控制点的位置。这时，可以从视图中观察到圆柱体发生了变化，如图 3-55 所示。

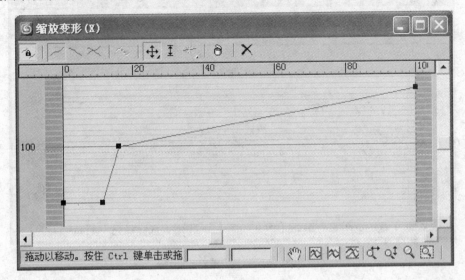

图 3-54 调整控制点的位置

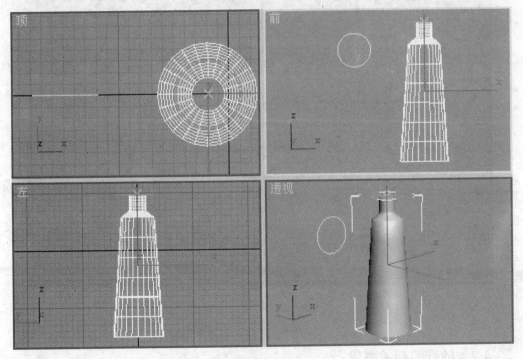

图 3-55 牙膏雏形

（4）在窗口的工具栏中单击"均衡"按钮 ，使其呈弹起状态。再单击工具栏上的"显示 Y 轴"按钮 ，然后参照图 3-56，调整最右侧控制点的位置。这时，牙膏模型的变化如图 3-57 所示。

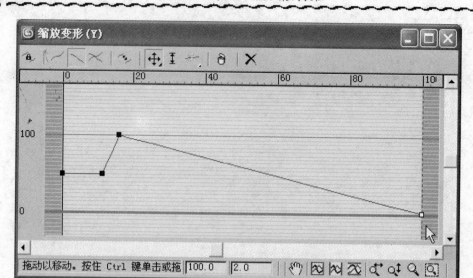

图 3-56 进一步调整控制点

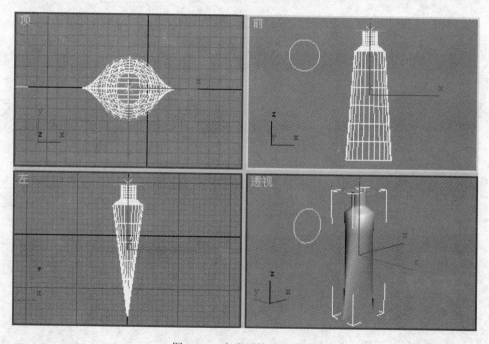

图 3-57 完成后的牙膏模型

3.4.2 放样的有关概念

放样是一种创建复合对象的工具，它可以将二维图形放样成三维模型。该命令位于"创建/几何体/复合对象"命令面板中。

所谓"放样"，是指将一个或多个二维图形放置在一条三维空间的路径上，使它沿着这条路径转换成三维模型。例如，将圆环沿着一条曲线放样，即可得到一根管道。

　放样是产生复杂三维模型的重要方法之一。放样最少需要两个二维图形，一个作为路径，另一个作为放样生成物的横截面。

（1）截面图形

截面图形是指用于放样成三维模型的横截面。截面图形可以是闭合的，也可以是开放的。生成放样对象时，可以同时在一条放样路径上放置多个不同的截面图形，这样就能得到更为复杂的三维造型。

（2）放样路径

可以把放样路径看做是一个容纳图形的地方，截面图形就是沿着路径进行放样（堆叠）。放样路径可以是闭合的，也可以是开放的。

（3）放样对象

使用"放样"命令将截面图形沿路径伸展后所得到的三维模型，称为放样对象。对于同一个放样对象来说，可以有多个截面图形，但路径却只能有一条。

3.4.3　"放样"命令的有关参数

　选择放样对象后，单击命令面板中的 按钮，打开"修改"面板，在编辑修改器堆栈列表中将显示 Loft 工具，其参数面板也将显示在"修改"面板的下方，如图 3-58 所示。

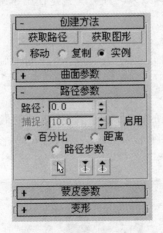

图 3-58　"放样"命令的参数

"创建方法"卷展栏：
- 获取路径：如果单击"放样"按钮之前选择的是截面图形，那么此时就应单击"获取路径"按钮获取路径。
- 获取图形：如果单击"放样"按钮之前选择的是想作为路径的图形，那么此时就应单击"获取图形"按钮获取截面图形。

"路径参数"卷展栏：
- 路径：该文本框中的数值指定所选的截面图形在路径上的位置。
- 百分比：用路径的百分比来指定截面图形的位置。
- 距离：用从路径开始的绝对距离来指定截面图形的位置。
- 路径步数：用表示路径样条线的顶点和步数来指定横截面的位置。

3.4.4　放样变形

选定放样对象并打开"修改"命令面板后，命令面板的底部会出现"变形"卷展栏，该卷展栏中提供了 5 个放样变形命令，如图 3-59 所示。对放样对象来说，使用"变形"卷展栏中的各种变形命令，可以实现对放样对象的修饰处理，以产生更加复杂的三维模型。

图 3-59　"变形"卷展栏

1．缩放变形

缩放变形工具对放样路径上的截面图形大小进行缩放，在获得同一造型的截面在路径上的不同位置具有不同大小比例的特殊效果。任务 9 就是使用了缩放变形工具来制作牙膏模型。

2．扭曲变形

扭曲变形工具使放样对象的截面图形沿路径所在的轴旋转，以形成扭曲的造型。

3．倾斜变形

倾斜变形工具主要用于改变放样对象在路径始末端的倾斜度。如图 3-60 所示为圆珠笔模型，其放样路径为直线，截面图形为圆环。经过缩放变形使圆珠笔笔杆的底部缩小，倾斜变形产生笔杆顶部的倾斜效果。

图 3-60　圆珠笔模型

4．倒角变形

倒角变形工具通过设置变形曲线使放样对象的边缘产生倒角效果。如图 3-61 所示的倒

角文字是对放样对象使用倒角变形制作出的，其截面图形是文本文字图形，放样路径是一条
直线段。

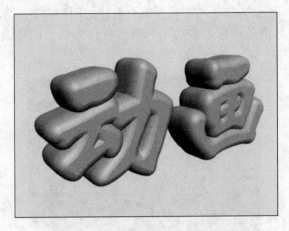

图 3-61　使用倒角变形制作的倒角文字

5．拟合变形

拟合变形用于根据自己定义的截面造型来产生模型。其基本思想是通过使用两条修正
曲线定义放样对象的顶面和侧面轮廓。通常，如果想要通过轮廓线生成放样对象时，就可以
使用拟合变形。

3.4.5　放样路径上放置多个截面图形

许多复杂的三维造型均有多种不同的横截面，这种造型可以通过在一条放样路径上放
置多个不同的截面图形来实现。

1．多截面图形设置

本节以制作如图 3-62 所示的瓶子造型为例，详细介绍在一条放样路径上放置多个不同
截面图形的方法。

图 3-62　瓶子

操作步骤：

（1）启动 3ds Max 9 应用程序之后，打开"创建/图形"命令面板，分别使用"线"、"矩形"、"多边形"、"圆形"命令，在前视图中创建如图 3-63 所示的直线、圆角矩形、多边形和圆形。其中，圆角矩形、多边形和圆形将作为瓶子的截面图形，直线将作为放样路径。

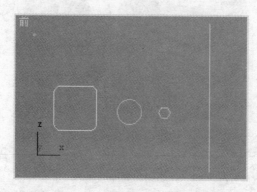

图 3-63　　瓶子的截面图形和放样路径

（2）单击直线选择放样路径，然后打开"创建/几何体/复合对象"命令面板，在"对象类型"卷展栏中按下"放样"命令按钮后，在"创建方法"卷展栏内单击"获取图形"按钮，然后在前视图中单击多边形获取截面图形，这时，视图中即出现了一个柱形放样对象。

（3）在命令面板的"路径参数"卷展栏中，将"路径"值改为"8"，再单击"获取图形"按钮，再次在视图中选择多边形。此时从前视图中可以观察到放样对象的路径上有一个黄色的"×"标记，它表示当前所要获取的截面图形在路径上的位置。

（4）将"路径"参数的值改为"9"，再单击"获取图形"按钮，然后在视图中选择圆形，这时放样对象的变化如图 3-64 所示。

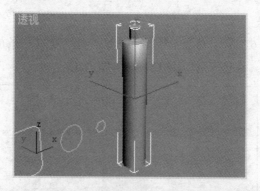

图 3-64　　在路径上放置多边形和圆形后的放样对象

（5）将"路径"参数的值改为"45"，再单击"获取图形"按钮，然后在视图中选择圆角矩形，这时，放样对象就变成了一个瓶子造型。

仔细观察瓶子的上半部，可以看出圆形截面向矩形截面过渡的位置有些扭曲，如图 3-65 所示。这是因为圆形与矩形两个图形的起始点位置不同，从而导致了放样对象的扭曲现象。下面，我们就检查并调整各个截面图形的起始点，使它们对齐。

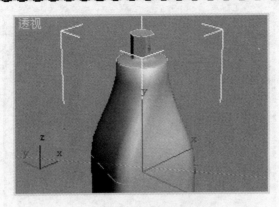

图 3-65 扭曲现象

（6）确认瓶子处于选定状态，打开"修改"命令面板，单击展开其中的"蒙皮参数"卷展栏，取消在"显示"栏中的对"蒙皮"复选框的选择，这时，放样对象处清晰地显示出路径及路径上的每一个截面图形。

（7）在"修改"面板的修改器堆栈列表中，单击 Loft 前面的"+"号使之展开，再单击子对象"图形"，这时，"图形命令"卷展栏即出现在命令面板中。

（8）单击"图形命令"卷展栏中的"比较"按钮，弹出"比较"对话框。单击对话框左上角的"拾取图形"按钮 ⌐ ，再把光标移到视图中放样对象处的多边形处，这时光标旁出现了一个"+"号。单击鼠标左键后，多边形即出现在"比较"窗口。使用相同的方法，分别拾取圆形和矩形，结果如图 3-66 所示。

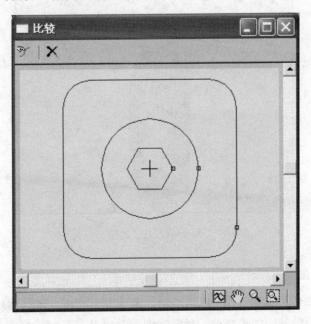

图 3-66 "比较"窗口

（9）注意观察"比较"窗口中每个截面图形上的起始顶点标志，从图 3-66 中可以看出，3 个图形的起始点没有对齐在一条水平线上。单击工具栏中的 ↻ 按钮，在顶视图中旋转矩形，使多边形、圆形和矩形的起始点都大致对齐在一条水平线上，如图 3-67 所示。

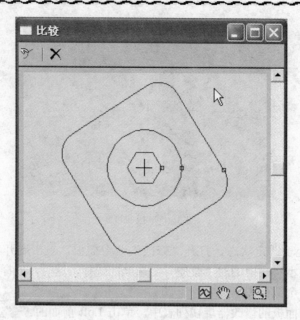

图 3-67　对齐各个截面图形的起始点

（10）确认瓶子处于选定状态，单击"蒙皮参数"卷展栏"显示"栏中的"蒙皮"复选框。从透视图中可以观察到瓶子的扭曲现象消失了。

（11）渲染透视图，得到如图 3-68 所示的渲染效果。

图 3-68　瓶子造型

2．调整截面图形

通过在修改器堆栈中单击 Loft 层级中的"图形"子对象，可以编辑和调整截面图形。为了便于观察，在调整截面图形之前，通常先取消对"显示"参数栏中"蒙皮"复选框的选择。

（1）编辑截面图形的参数

在修改器堆栈中选择"图形"子对象后，单击工具栏中的 按钮，然后将鼠标移到视图中，单击所要编辑的截面图形，代表该图形类型的名称就会显示在堆栈区域中 Loft 的下方。单击该类型名称，所选图形的参数面板即出现在"修改"面板下方，此时，即可修改截面图形的参数。

（2）调整截面图形的位置

在修改器堆栈中选择"图形"子对象后，单击工具栏中的 ⌐ 按钮，然后将鼠标移到视图中，单击所要调整的截面图形，这时，"图形命令"卷展栏中的"路径"参数被激活，在其中输入新的数值即可改变图形的位置。也可以用工具栏中的 ✛ 按钮，直接在视图中拖动鼠标调整图形位置。

（3）调整图形的起始点

在进行多截面放样时，由于各个截面图形的起始点位置不同，产生的放样对象会有一定的扭曲。使用"比较"窗口可以比较和调整截面图形的起始点，从而消除放样对象的扭曲现象。在修改器堆栈中选择"图形"子对象后，单击"图形命令"卷展栏中的"比较"按钮，打开"比较"窗口，即可调整、对齐各截面图形的起始点位置。

3.5　上机实战

3.5.1　酒杯

【项目内容】

参照本书配套光盘上"实战"文件夹中的文件"实战 3-1.jpg"，制作一个漂亮的高脚酒杯,其模型效果如图 3-69 所示。

图 3-69　高脚酒杯

【训练重点】

（1）创建及编辑二维图形。

（2）使用"车削"修改器旋转二维图形，得到三维模型。

【操作提示】

（1）启动 3ds Max 9 应用程序之后，打开"创建/图形"命令面板，使用"线"命令按钮在前视图中创建酒杯的初始截面图形，如图 3-70 所示。

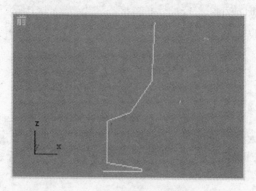

图 3-70　酒杯的初始截面图形

（2）在"修改"命令面板的"修改器列表"列表中展开 Line 层级，单击其中的"顶点"进入顶点编辑状态，通过调整顶点的类型及位置，使酒杯的截面图形变得平滑。

（3）单击"样条线"进入样条层次编辑状态，使用"几何体"卷栏中的"轮廓"命令创建酒杯的轮廓图形，并参照图 3-71，对轮廓图形进行调整。

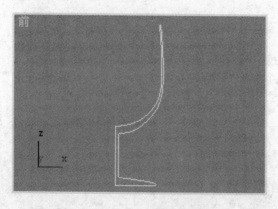

图 3-71　调整后的酒杯截面图形

（4）单击"修改器列表"中的 Line，回到线的编辑状态。确认酒杯轮廓图形被选定，在"修改器列表"的下拉列表中选择"车削"，线条即被旋转成了三维模型。在"参数"卷展栏中勾选"焊接内核"复选框，设置"分段"为"32"，"对齐"为"最小"，即得到酒杯模型。

3.5.2　保龄球

【项目内容】

参照本书配套光盘上"实战"文件夹中的文件"实战 3-2.jpg"，制作一个保龄球，其模型效果如图 3-72 所示。

图 3-72　保龄球

【训练重点】

（1）使用"放样"命令创建放样对象。

（2）对放样对象应用缩放变形。

【操作提示】

（1）启动 3ds Max 9 应用程序之后，打开"创建/图形"命令面板，分别使用其中的"圆"命令和"线"命令，在前视图中创建如图 3-73 所示的圆和直线，其中，圆将作为截面图形，直线将作为放样路径。

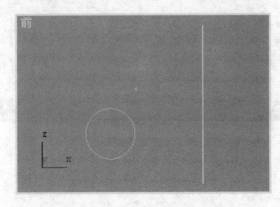

图 3-73　截面图形和放样路径

（2）单击直线选择放样路径，然后打开"创建/几何体/复合对象"命令面板，按下其中的"放样"命令按钮后，在"创建方法"卷展栏内单击"获取图形"按钮，最后在前视图中单击圆形获取截面图形，这时，视图中即出现了一个圆柱造型的放样对象。

（3）确定圆柱体为选定状态，打开"修改"命令面板，在"变形"卷展栏中单击"缩放"按钮，然后在打开的"缩放变形（X）"窗口中单击工具栏上的 按钮，参照图 3-74，在窗口的红色控制线上增加 4 个控制点，并调整各个控制点的位置。

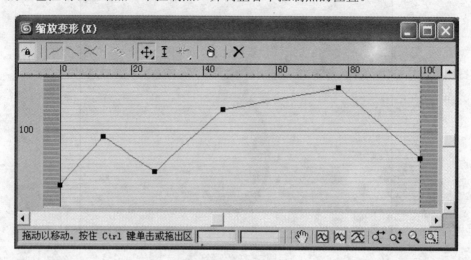

图 3-74　调整控制线

（4）分别在各个控制点上单击鼠标右键，并在弹出的快捷菜单中选择"Bezier-平滑"，然后调整每个控制点的控制柄，结果如图 3-75 所示。

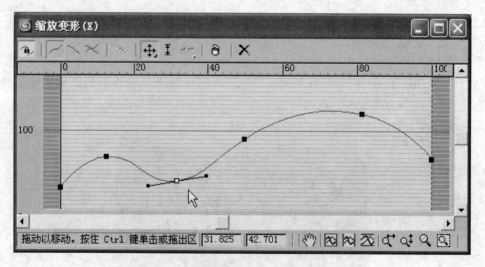

图 3-75　调整控制点

（5）关闭"缩放变形（X）"窗口后，可以观察到视图中的圆柱体已变成了保龄球造型。

习题与训练

一、填空题

1."线"命令可以创建＿＿＿＿＿＿、＿＿＿＿＿＿和任意形状的二维图形。

2．绘制矩形时，按住＿＿＿＿＿键，将得到正方形。

3．二维图形的子对象包括＿＿＿＿＿＿＿＿＿、＿＿＿＿＿＿＿＿＿和＿＿＿＿＿＿＿。

4．顶点的类型有＿＿＿＿＿＿＿＿、＿＿＿＿＿＿＿＿、＿＿＿＿＿＿＿＿
和＿＿＿＿＿＿＿＿＿4 种。

5．使用＿＿＿＿＿＿＿＿＿编辑修改器可以访问和编辑二维图形的子对象。

6．"车削"修改器的作用是＿＿＿＿＿＿＿＿＿＿＿＿＿＿＿＿＿＿＿＿＿。

7．放样变形的工具有＿＿＿＿＿＿＿、＿＿＿＿＿＿＿、＿＿＿＿＿＿＿、＿＿＿＿＿＿＿
和＿＿＿＿＿＿＿。

二、简答题

1．简述创建曲线的方法。

2．简述创建放样对象的操作步骤。

3．如何在放样路径上放置多个截面图形？

4．将二维图形转变为三维模型的途径主要有哪些？

三、上机操作

使用本章所学的知识，制作一条蛇的造型（具体效果可参见本书配套光盘上"实战"
文件夹中的文件"实战 3-3.jpg"）。

第4章 模型的修改

【内容导读】

很多时候，由几何体构造出来的三维模型或直接由二维图形得到的三维模型，并不能完全满足我们的造型要求，这时，就需要对三维模型进行进一步修改和加工，从而得到更为复杂、更为精致的三维造型。

3ds Max 9 提供了许多现成的编辑修改器，使用这些编辑修改器，可以让非常简单的三维模型发生令人吃惊的变化。本章将通过 3 个具体的造型实例，重点介绍几种常用的编辑修改器及其有关参数。

【知识要点】

1. "修改"命令面板的使用方法。
2. 选择修改器的方法。
3. 常用修改器的功能及其有关参数。
4. 修改器堆栈的应用。

【任务一览】

任务 10：花形托盘——使用"锥化"修改器
任务 11：蘑菇——使用 FFD 修改器
任务 12：卡通鱼——使用"编辑网格"修改器

4.1 任务 10：花形托盘——使用"锥化"修改器

4.1.1 任务实施

【任务目标】

1. 掌握"锥化"修改器的使用方法。
2. 理解修改器堆栈的作用，熟练掌握修改器堆栈的操作方法。

【任务内容】

本任务将制作一个漂亮的花形托盘，如图 4-1 所示。具体效果请参见本书配套光盘上"任务相关文档"文件夹中的文件"任务 10.max"。

图 4-1　花形托盘

【制作思路】

先创建一个星形二维图形，再使用"挤出"修改器挤出厚度，最后用"锥化"修改器完成托盘造型。

【操作步骤】

1. 创建花形托盘的截面图形

（1）创建星形。启动 3ds Max 9 应用程序之后，打开"创建/图形"命令面板，单击"对象类型"卷展栏中的"星形"命令，在顶视图中创建一个如图 4-2 所示的星形，设置"半径 1"和"半径 2"分别为"30"、"20"，"点"为"8"，"圆角半径 1"和"圆角半径 2"分别为"8"、"3"。

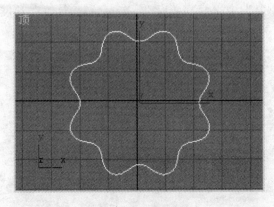

图 4-2　创建星形

（2）生成星形的轮廓图形。确定星形被选定，打开"修改"命令面板，在"修改器列表"中选择"编辑样条线"。然后在修改器堆栈中单击"编辑样条线"前面的"+"号使之展开，再单击其中的"样条线"进入样条层次编辑状态，使用"几何体"卷栏中的"轮廓"命令创建星形的轮廓图形，如图4-3所示。

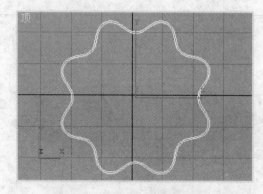

图4-3　星形的轮廓图形

2．使用修改器完成托盘的制作

（1）在"修改器列表"中选择"挤出"，在"参数"卷展栏中设置"数量"为"25"，"分段"为"8"，结果如图4-4所示。

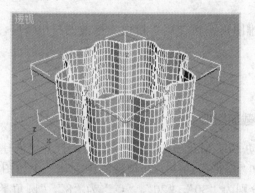

图4-4　使用"挤出"修改器的效果

（2）在"修改器列表"中选择"锥化"，然后在"参数"卷展栏中设置"数量"为"1"，"曲线"为"1.2"，结果如图4-5所示。

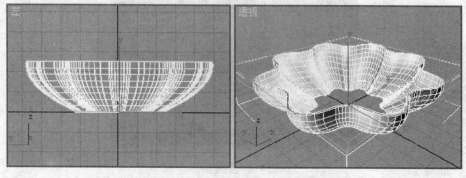

图4-5　使用"锥化"修改器的效果

（3）调整 Gizmo 的位置，形成托盘的底部。在修改器堆栈中单击 Taper（锥化）前面的"+"号使之展开，再选择下面的 Gizmo。单击工具栏中的 ✥ 按钮，然后把光标移到前视图或左视图中，沿 y 轴向下移动黄色的 Gizmo 线框，使托盘的底部闭合并形成一个交叉的支架，如图 4-6 所示。这样，就完成了花形托盘的制作。

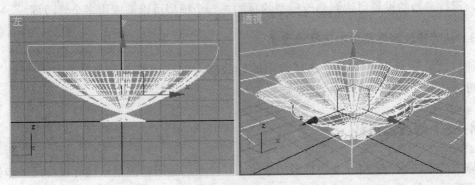

图 4-6　调整 Gizmo 的效果

4.1.2　使用修改器

1."修改"命令面板

可以在"修改"命令面板的"修改器列表"中选择需要的修改器。选择想要修改的模型后，单击命令面板上方的 ✐ 按钮，即可打开"修改"命令面板，如图 4-7 所示。"修改"命令面板主要由 4 个部分组成，即名称和颜色区、修改器列表、修改器堆栈和参数面板。其中，参数面板的具体内容由当前所选编辑修改器决定。

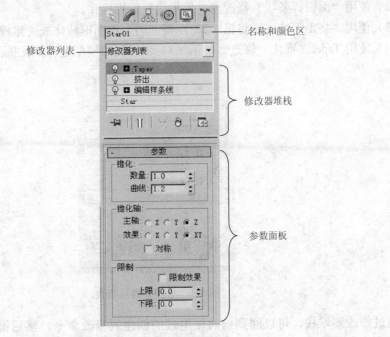

图 4-7　"修改"命令面板

2. 从"修改器列表"中选择修改器

单击"修改器列表"右侧的下拉按钮可以展开修改器列表，其中列出了"选择修改器"、"世界空间修改器"、"对象空间修改器"等几大类修改器。每个修改器都有自己的参数集合，通过参数的设置可达到修改模型的目的。一个模型可以被应用多个修改器。

3. 从"修改器"菜单中选择修改器

通过"修改器"菜单也能选择常用的修改器，如在"修改器→参数化变形器"菜单中，可以找到"锥化"修改器。

4.1.3 修改器堆栈

修改器堆栈是 3ds Max 9 中强大的修改工具，灵活运用修改器堆栈可以使每一步修改操作变得轻松自如。

1. 修改器堆栈的构成

"修改"命令面板的修改器堆栈列表中，显示了所选对象从创建到修改所使用过的所有命令。如果一个三维模型是通过使用若干修改器而得到的，那么，原始的创建命令及所有修改器命令都会按照使用顺序排列在修改器堆栈列表中。最先使用的命令位于堆栈底部，最后使用的命令位于堆栈的顶部。

例如，从图 4-8 中的修改器堆栈列表中可以看出，名为"Star01"的三维模型经过了以下创建和修改步骤：

（1）使用"Star"命令创建星形二维图形。

（2）使用"编辑样条线"修改器对星形进行编辑操作。

（3）使用"挤出"修改器将第（2）步得到的二维图形转化成三维模型。

（4）使用 Taper（锥化）修改器对第（3）步得到的模型进行锥化操作。

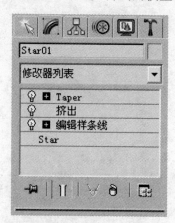

图 4-8　修改器堆栈列表

通过修改器堆栈，可以回到前面使用过的创建或修改命令，然后根据需要重新设置该命令的有关参数。

2. 修改器堆栈的常用操作

（1）激活或停止修改器产生的效果

在修改器堆栈列表显示的每个修改器命令前面，都有一个 🔅 图标，单击该图标使之变成 💡 后，当前修改器命令对物体产生的效果就会被暂时取消，这样就能迅速知道，如果没有当前修改器的作用，三维体会是什么样子。

（2）显示或关闭最后效果

在修改器堆栈列表的下方，有一个 ❚❚ 按钮，该按钮默认为按下时是打开状态，这时，对象呈现出堆栈中所有命令的共同作用效果，即最后效果。当该按钮被关闭时，则只显示出对象到堆栈当前修改器命令的变化效果，而当前修改器命令以上的所有修改器命令的作用暂时被取消。

（3）删除堆栈中的修改器命令

单击修改器堆栈列表下方的 🗑 按钮，可以删除堆栈中的当前修改器命令，以彻底取消该修改器对模型产生的作用。

4.2 任务 11：蘑菇——使用 FFD 修改器

4.2.1 任务实施

【任务目标】

掌握 FFD 自由变形修改器的使用方法。

【任务内容】

本任务将利用 FFD（自由变形）修改器，制作如图 4-9 所示的蘑菇。具体效果请参见本书配套光盘上"任务相关文档"文件夹中的文件"任务 11.max"。

图 4-9 蘑菇

【制作思路】

先创建一个球体，再对球体使用 FFD 修改器，通过调整 FFD 修改器的控制点，将球体修改成蘑菇造型。

【操作步骤】

1．创建球体

（1）启动 3ds Max 9 应用程序后，在"创建/几何体"命令面板中选择"球体"命令，在顶视图中创建一个球体。

（2）在命令面板中设置球体的"半径"为"20"，"分段"为"40"。

2．对球体应用 FFD 修改器

（1）确认球体被选择。单击命令面板上方的 按钮，打开"修改"面板。在"修改器列表"中选择 FFD（长方体）修改器。这时，从视图中可以看到球体被一个橘色的晶格框包围，同时命令面板中显示出"FFD 参数"卷展栏。

（2）设置控制点的数目。在命令面板的"FFD 参数"卷展栏中，单击"设置点数"按钮，弹出"设置 FFD 尺寸"对话框，将"高度"方向上的点数设置为"6"，如图 4-10 所示。这时从前视图中可以看到，FFD 修改器在高度方向上的控制点由原来的"4"层变成了"6"层，修改器堆栈中的 FFD（正方体）4×4×4 也变成了 FFD（长方体）4×4×6。

图 4-10　设置控制点数

3．调整控制点

（1）在修改器堆栈中，单击 FFD（长方体）4×4×6 前面的"+"号，即可展开 FFD 修改器的子对象分支。选择其中的"控制点"，然后在前视图中拖选上面 3 层控制点。

（2）单击工具栏中的 按钮，在顶视图中沿 X 轴和 Y 轴放大刚才选定的 3 层控制点，这时，一个蘑菇的大致造型就显示出来了，如图 4-11 所示。

（3）使用相同的方法，在前视图中拖选下面的 3 层控制点，然后在顶视图中对所选的控制点进行适当缩小。

（4）单击工具栏中的 按钮，在前视图中分别调整下面 3 层控制点的位置，使蘑菇腿变长，再使用缩放工具对下面 3 层控制点进行缩放，以调整蘑菇腿的形状，如图 4-12 所示。这样就完成了蘑菇造型的制作。

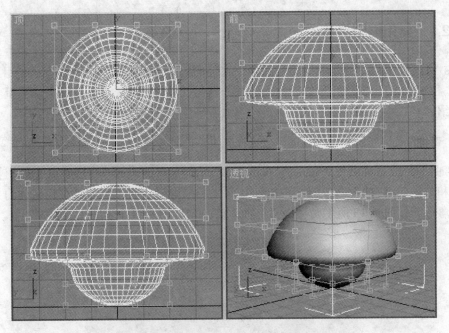

图 4-11   放大上面 3 层控制点

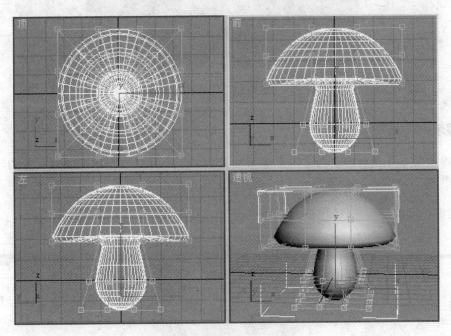

图 4-12   调整控制点的位置

提示：

FFD 修改器系列中有 5 个修改器，分别是：FFD2×2×2、FFD3×3×3、FFD4×4×4、FFD（长方体）、FFD（圆柱体）。其中，前 3 个 FFD 修改器的控制点数目是固定的，后两个 FFD 修改器的控制点数目则可以自行设置。

4.2.2 常用编辑修改器

3ds Max 9 提供了大量的编辑修改器，在前面的任务 10 和任务 11 中，只使用了其中的"锥化"和 FFD 自由变形两种修改器。下面，再对其他的几个常用编辑修改器及其参数进行简单介绍。

1. 弯曲

"弯曲"修改器可以使对象围绕 X、Y、Z 轴进行弯曲，并且可以在任意轴上控制弯曲的角度和方向。"弯曲"修改器既可以使几何体产生均匀弯曲，也可以对几何体的某一段进行限制弯曲。如图 4-13 所示为使用"弯曲"修改器对一个圆柱体进行弯曲的效果。

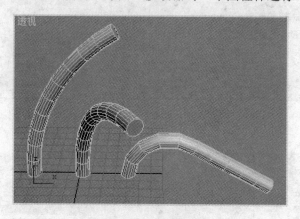

图 4-13　弯曲效果

提示：

三维模型在弯曲轴向上的分段数会影响弯曲的平滑程度。分段数越大，弯曲的表面曲线就越平滑。

"弯曲"修改器的参数如图 4-14 所示。

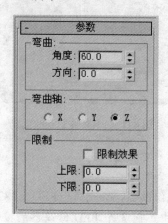

图 4-14　"弯曲"修改器的参数

● 弯曲：该参数栏用于设置对象的弯曲角度和弯曲方向，其中包含以下两个参数：

① 角度：设置弯曲的角度。

② 方向：设置弯曲的方向。

● 弯曲轴：该参数栏指定弯曲的轴向。默认为 Z 轴。

● 限制：设置弯曲的界限。只有当选择"限制效果"复选框时，在该参数栏中设置的弯曲界限才生效。

① 上限：设置弯曲的上限。

② 下限：设置弯曲的下限。

2．扭曲

"扭曲"修改器的作用是使三维模型发生扭转，以产生类似螺旋状的效果。如图 4-15 所示为一个四棱锥扭曲后的效果。

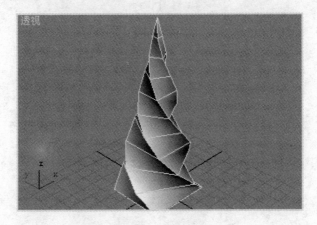

图 4-15　扭曲效果

"扭曲"修改器的参数如图 4-16 所示。

图 4-16　"扭曲"修改器的参数

● 扭曲：此参数栏用于设置扭曲程度，其中包含以下两个参数：

① 角度：设置三维模型的扭曲角度。

② 偏移：设置扭曲中心的偏移距离，取值范围为-100～100。

● 扭曲轴：设置发生扭曲的轴向。

● 限制：设置扭曲的上限和下限。

3. 噪波

"噪波"修改器可以使对象表面产生起伏不平的效果，常用来制作复杂的地形、地面，也可以利用"噪波"修改器的动画参数，制作飘动的旗帜等动画效果。

"噪波"修改器的参数如图 4-17 所示。

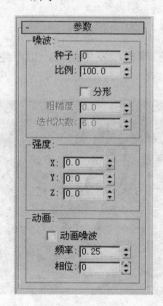

图 4-17　"噪波"修改器的参数

● 噪波：此参数栏用于设置噪波模式，其中包含以下几个参数：

① 种子：设置产生噪波的随机数生成器，"种子"的值不同，噪波的模式也就不一样。

② 比例：设置噪波的缩放比例。比例值越大，噪波就越粗大，反之，比例值越小，产生的噪波就越细小。

③ 分形：产生分形干扰，该选项可以在噪波的基础上再生成不规则的复杂外形。当该选项被激活后，就可以设置控制噪波总体粗糙度的"粗糙度"参数和控制噪波精度的"迭代次数"参数。

● 强度：设置 3 个轴向上的噪波强度。

● 动画：设置噪波的动态效果。当选择该参数栏中的"动画噪波"复选框后，即可自动产生三维体的表面变形动画效果，而变形动画的速度则由其中的"频率"参数决定。

下面，以图 4-18 所示的山脉为例，介绍"噪波"修改器的基本使用方法。

（1）启动 3ds Max 9 应用程序之后，使用"创建/几何体"命令面板中的"长方体"命令，在顶视图中创建一个长方体。

（2）在命令面板中调整长方体的参数值："长度"为"200"，"宽度"为"200"，"高度"为"10"，"长度分段"为"60"，"宽度分段"为"60"。

图 4-18 使用"噪波"修改器制作的山脉

（3）确认长方体被选择。单击命令面板上方的 ✏ 按钮，打开"修改"面板。在"修改器列表"中选择"噪波"修改器。

（4）设置"噪波"修改器的参数。在命令面板的"参数"卷展栏中，在"强度"栏中设置 Z 为"100"，再在"噪波"栏中设置"种子"为"1"，"比例"为"80"，并选择"分形"复选框，设置"迭代次数"为"8"。这时，长方体即变成了起伏的山脉造型。

4．涟漪

"涟漪"修改器的作用是在三维模型的表面形成一串同心的波纹，从而产生波形效果。如图 4-19 所示为在一个长方体的基础上形成的波纹效果。

"涟漪"修改器的参数如图 4-20 所示。

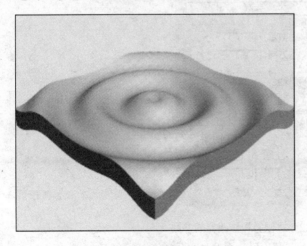

图 4-19 长方体形成的波纹效果

图 4-20 "涟漪"修改器的参数

- 振幅 1 和振幅 2：设置波纹的振幅。
- 波长：设置波峰间的距离。
- 相位：设置波纹的相位。当"相位"值为正值时，波纹向内移动；当"相位"值为负值时，波纹向外移动。
- 衰退：设置波纹的衰减效果。"衰退"值越大，则产生的波纹效果就越小。

提示：

要想使产生的波纹效果平滑美观，则必须对应用"涟漪"修改器的三维体在产生波纹的方向上设置一定的分段数，而且分段数不能太小。

5. 倾斜

"倾斜"修改器的作用是对一个三维模型产生倾斜效果，如图 4-21 所示。其有关参数如图 4-22 所示。

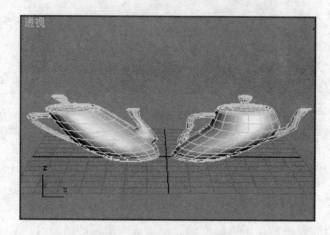

图 4-21　茶壶的倾斜效果

图 4-22　"倾斜"修改器的参数

- 倾斜：设置倾斜效果。其中包含以下两项参数：
① 数量：设置倾斜的程度。
② 方向：设置相对于水平面的倾斜方向。
- 倾斜轴：设置倾斜轴。
- 限制：设置产生倾斜的上限和下限。

6. 球形化

"球形化"修改器的作用是将三维模型变成球形外观。该修改器只有一个参数"百分比",用于设置球形化的百分比,如图 4-23 所示。

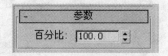

图 4-23 "球形化"修改器的参数

如图 4-24 所示为对茶壶应用"球形化"修改器的效果,其中,"百分比"值为"60"。

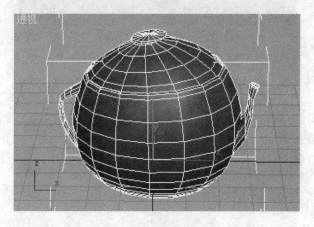

图 4-24 茶壶的球形化

4.3 任务 12:卡通鱼——使用"编辑网格"修改器

4.3.1 任务实施

【任务目标】

1. 掌握"编辑网格"修改器的使用方法。
2. 能够通过编辑三维模型的子对象来修改对象。

【任务内容】

除了可以对整个三维模型应用编辑修改器之外,还可以对构成三维模型的顶点、面、元素等子对象进行编辑操作。本任务将使用 3ds Max 9 提供的子对象修改工具"编辑网格"修改器,制作一个如图 4-25 所示的卡通鱼造型。具体效果请参见本书配套光盘上"任务相关文档"文件夹中的文件"任务 12.max"。

图 4-25　卡通鱼

【制作思路】

先创建一个多分段的长方体，再对长方体使用"编辑网格"修改器，通过调整长方体的顶点，将长方体调整成鱼的轮廓形状，再通过挤出多边形生成鱼鳍。最后使用"网格平滑"修改器来平滑模型，以形成光滑的鱼身。

【操作步骤】

1. 制作鱼的初始造型

（1）启动 3ds Max 9 应用程序之后，在"创建/几何体"命令面板中使用"长方体"命令，在前视图中创建一个长方体。设置长度、宽度、高度分别为"100"、"300"、"10"，长度分段、宽度分段分别为"4"、"9"。

（2）确定长方体为选定状态，打开"修改"命令面板，在修改器列表中选择"编辑网格"，其相关参数卷展栏即在命令面板中显示出来。

（3）将长方体调整成鱼的轮廓形状。在"选择"卷展栏中按下 按钮，进入顶点编辑状态。参照图 4-26，使用移动顶点、缩放顶点等方式，在前视图中将长方体调整成鱼的轮廓形状。

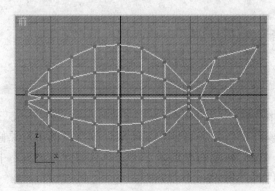

图 4-26　鱼的初始轮廓

（4）继续调整顶点的位置。单击命令面板中的"软选择"，展开该卷展栏。在"软选择"卷展栏中勾选"使用软选择"复选框，再设置"衰减"为"80"。在前视图中选择鱼身水平方向上中间的 3 个顶点，然后在左视图中将所选顶点适当右移，形成凸起的鱼身，如图 4-27 所示。

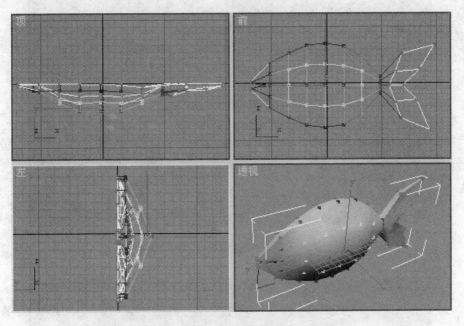

图 4-27　继续调整顶点的位置

（5）制作鱼肚下面的鱼鳍。在"选择"卷展栏中按下■按钮，进入多边形编辑状态，在前视图中选择如图 4-28 所示的两个多边形，然后在"编辑几何体"卷展栏中，使用"挤出"命令挤出所选多边形。最后参照图 4-29，缩放和移动挤出的多边形。

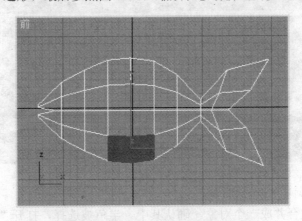

图 4-28　选择用于挤出鱼鳍的多边形

2. 镜像复制出鱼的另一半

（1）在修改器堆栈中单击"编辑网格"使之变成灰色，结束子对象编辑状态。在顶视图中选择鱼，再单击工具栏中的█按钮，镜像复制出另一半鱼，结果如图 4-30 所示。

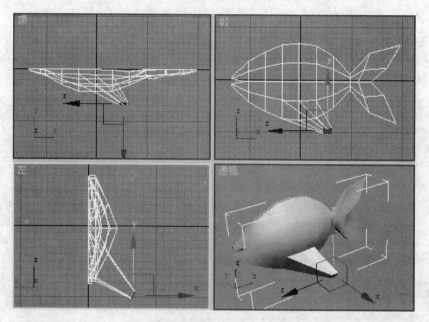

图 4-29　缩放和移动挤出的多边形

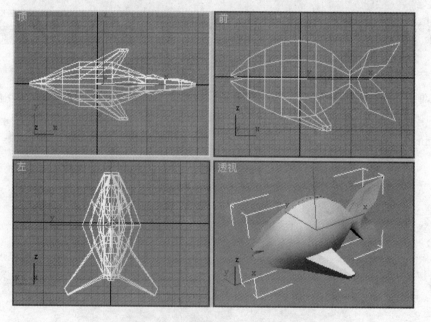

图 4-30　镜像复制出另一半鱼

（2）将两个半鱼合并成一个对象。确认其中一半鱼被选择，打开"创建/几何体/复合对象"命令面板，单击"布尔"命令，在其"参数"卷展栏的"操作"栏中选择"并集"，再单击"拾取布尔"卷展栏中的"拾取操作对象 B"按钮，然后在视图中单击另一半鱼。这样，即通过布尔运算把两半鱼合并成了一条鱼。

（3）制作鱼背上的鱼鳍。确认鱼被选择，再次对其使用"编辑网格"修改器，进入多边形编辑状态后，在顶视图中选择如图 4-31 所示的两个多边形。

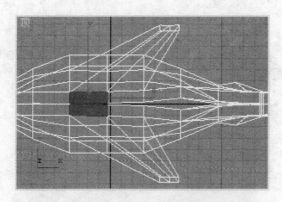

图 4-31 选择用于挤出背上鱼鳍的两个多边形

（4）在"编辑几何体"卷展栏中，使用"挤出"命令挤出所选多边形。最后参照图 4-32，缩放和移动挤出的多边形。

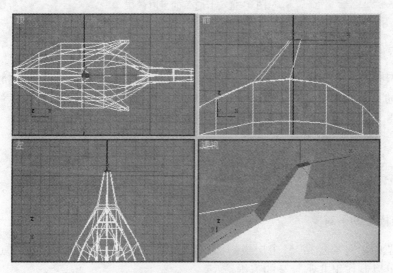

图 4-32 鱼背上的鱼鳍

（5）制作鱼眼。打开"创建/几何体/标准基本体"面板，使用"球体"命令，创建一个球体作为鱼的一只眼睛，再将球体复制到鱼的另一侧作为另一只眼睛。

这样，整个卡通鱼的初始造型就完成了，其效果如图 4-33 所示。

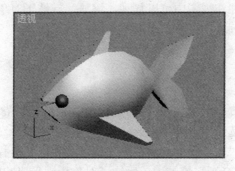

图 4-33 卡通鱼的初始造型

3．平滑模型

最后，在"修改"命令面板中，使用"网格平滑"修改器，并将"迭代次数"参数的值设置为"2"，结果如图 4-34 所示。

图 4-34　卡通鱼的平滑效果

 提示：

使用"网格平滑"修改器可以平滑网格模型，从而使三维模型变得更加精细。"网格平滑"修改器的"迭代次数"参数值越大，平滑效果越好。但要注意的是，不能将"迭代次数"的值设得太大，否则会因模型复杂度的迅速增大而影响系统的运行速度。

4.3.2　子对象的选择和编辑

1．三维模型的子对象

三维模型的子对象包括 5 个层级，即顶点、边、面、多边形和元素。通过对子对象的编辑操作，可以制作出非常复杂的三维造型。

3ds Max 9 提供了不少能够访问子对象的修改工具，在任务 12 中使用的"编辑网格"即是一种功能强大的子对象修改工具。

在"修改"命令面板中对三维模型应用了"编辑网格"修改器后，可以在"选择"卷展栏中找到编辑子对象的 5 个按钮，如图 4-35 所示。单击其中一个按钮后，即可对该子对象进行选择和编辑操作，如在视图中可以移动、缩放、旋转子对象。

也可以在修改器堆栈列表中，单击"编辑网格"前面的"+"号，这时 5 种子对象名称会出现在展开的分支中。

2．软选择

所有能够访问子对象的修改工具中，都有一个"软选择"卷展栏，利用该卷展栏的有关参数，可以使对当前所选子对象的编辑操作影响到其周围的子对象。

如图 4-36 所示，在"软选择"卷展栏中勾选了"使用软选择"复选框后，即可激活该卷展栏中的参数。其中，"衰减"值越大，所选子对象周围受影响的范围就越大。

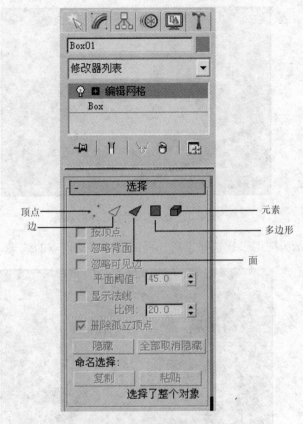

图 4-35 "编辑网格"修改器的"选择"卷展栏

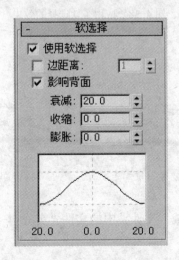

图 4-36 "软选择"卷展栏

　　如图 4-37 所示为应用软选择之前，选择并向上移动长方体上一个顶点的效果。可以看出，对该顶点的移动操作没有影响到周围的其他顶点。

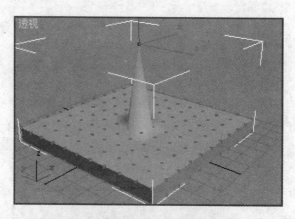

图 4-37　没有应用软选择的效果

如图 4-38 所示为应用了软选择之后，再选择并移动顶点的效果。

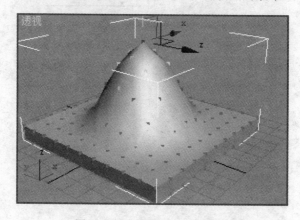

图 4-38　应用了软选择的效果

4.4　上机实战

4.4.1　波纹动画

【项目内容】

参照本书配套光盘上"实战"文件夹中的文件"实战 4-1.avi"，制作波纹动画。其静态效果图如图 4-39 所示。

【训练重点】

（1）使用"涟漪"修改器生成波纹效果。

（2）通过修改器参数的变化制作动画。

（3）对子对象层级应用修改器。

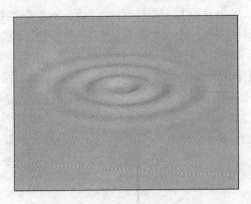

图 4-39　波纹

【操作提示】

（1）使用"创建/几何体"命令面板中的"长方体"命令，在顶视图中创建一个长方体，设置长度、宽度、高度分别为"200"、"200"、"8"，长度分段、宽度分段均为"70"。

（2）选择要设置波纹效果的子对象。打开"修改"命令面板，对长方体应用"编辑网格"修改器，进入顶点子对象层级，然后在"软选择"卷展栏中勾选"使用软选择"复选框，并设置"衰减"为"50"。最后在顶视图中选择长方体中间部分的顶点，如图 4-40 所示。

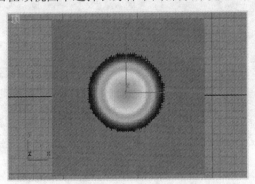

图 4-40　选择长方体中间的顶点

（3）对所选顶点应用修改器。在"修改器列表"中选择"涟漪"，在"参数"卷展栏中设置振幅 1 和振幅 2 均为"1"，设置波长为"12"。结果如图 4-41 所示。

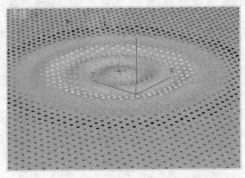

图 4-41　对顶点应用"涟漪"修改器

（4）设置波纹动画。单击动画控制区中的"自动关键点"按钮，进入动画录制状态。向右拖动时间滑块到第 100 帧，然后在命令面板的"参数"卷展栏中将"相位"设置为"–1.5"。最后单击"自动关键点"按钮，使之恢复成灰色，结束动画的录制。

（5）激活透视图，再单击屏幕右下方的 ▶ 按钮，预览动画效果。

（6）单击工具栏上的"渲染场景对话框"按钮 🖼，在弹出的对话框中设置相关选项并渲染动画。

（7）执行"文件→查看图像文件"菜单命令，打开动画文件观看动画。

4.4.2　战斗机

【项目内容】

参照本书配套光盘上"实战"文件夹中的文件"实战 4-2.jpg"，制作一个简单的战斗机造型，并将战斗机置于云雾缭绕的群山之上，其渲染效果如图 4-42 所示。

图 4-42　战斗机

【训练重点】

（1）使用"编辑网格"修改器编辑三维模型的子对象。

（2）使用修改器堆栈。

（3）添加雾效。

【操作提示】

（1）制作机身。启动 3ds Max 9 应用程序之后，在"创建/几何体"命令面板中使用"长方体"命令，在顶视图中创建一个长方体。设置长度为"40"，宽度为"90"，高度为"20"。

为了便于观察和操作，在透视图左上角的视图名称处单击鼠标右键，然后在弹出的快捷菜单中选择"边面"。

（2）制作机翼。确认长方体为选定状态，打开"修改"命令面板，选择"编辑网格"

修改器后，在"选择"卷展栏中单击 ■ 按钮，然后在前视图中选择位于长方体正前方的面，再在"编辑几何体"卷展栏中，将"挤出"参数的值设置为"30"。结果如图 4-43 所示。

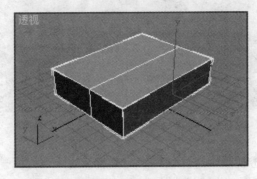

图 4-43 挤出长方体的一个面

（3）单击工具栏中的 ■ 按钮后，将选择的红色的面缩小到原来的 50%（可以从屏幕底部的状态栏中观察到缩放比例），结果如图 4-44 所示。

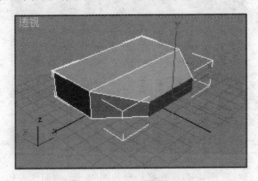

图 4-44 缩小选择的面

（4）重复上面的操作，将刚才缩小的面再次拉伸 30 个单位，并再次缩小 50%，这样，就制作了一侧的机翼。使用相同的方法，制作出另一侧的机翼，如图 4-45 所示。

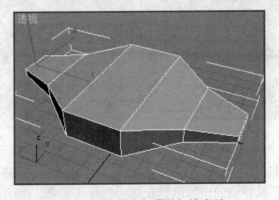

图 4-45 机身和机翼的初始造型

（5）分别选择机翼两端的侧面，然后在顶视图中将所选侧面向右移动一定的距离，如图 4-46 所示。

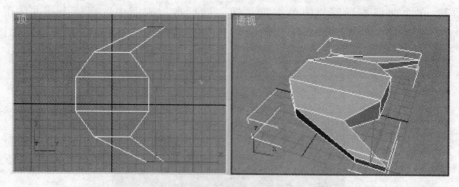

图 4-46　调整后的机身和机翼造型

（6）制作机头。在透视图中选择如图 4-47 所示的一个侧面。按照前面制作机翼的方法，拉伸并缩小选择的侧面，完成机头的造型。可按自己的设计意图决定拉伸的长度和缩小的比例。完成后的机头造型如图 4-48 所示。

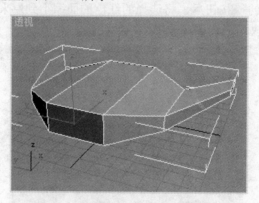

图 4-47　选择机身前面的一个侧面

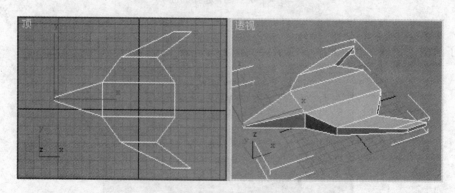

图 4-48　机头造型

（7）制作机尾。用制作机头的方法制作出机尾，结果如图 4-49 所示。

（8）将其他 MAX 文件中的山脉造型合并到当前场景中。执行"文件→合并"菜单命令，将本书配套光盘"场景"文件夹内 4-1.max 文件中的"山脉"合并到战斗机所在的当前场景中。可以看出，与战斗机相比，山的造型显得太小了，下面，通过修改器堆栈重新设置山脉的有关参数，以改变山脉的大小和形状。

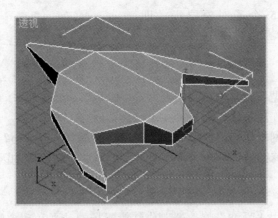

图 4-49 机尾造型

（9）在视图中选择"山脉"，然后打开"修改"命令面板，在修改器堆栈中单击 Box，然后在命令面板中，将"长度"和"宽度"由原来的"200"改为"1200"，将"长度分段"和"宽度分段"由原来的"60"改为"100"。

（10）再在修改器堆栈中单击 Noise，然后将"比例"值由原来的"80"改为"200"，在"强度"栏中将 Z 值由原来的"100"改为"200"。

（11）将战斗机移到山脉之上。

（12）添加雾效。执行"渲染→环境"菜单命令，打开"环境"对话框。在对话框的"大气"卷展栏中，单击"添加"按钮，再在弹出的对话框中选择"雾"。这时，"大气"卷展栏的下面即出现了"雾参数"卷展栏。

（13）在"雾参数"卷展栏的"雾"栏中，设置"类型"为"分层"，再在"分层"栏中，设置"密度"为"80"。

（14）关闭"环境"对话框。渲染透视图，即可观察到山间云雾缭绕的效果。

习题与训练

一、填空题

1. 三维模型的编辑修改应在_____命令面板中进行。

2. "修改"命令面板主要由_____、_____、_____和_____4 个部分组成。

3. 列出 4 种常用的修改器：_____、_____、_____和_____。

4. "锥化"修改器的作用是_____。

5. "噪波"修改器的作用是_____。

6. 如果想弯曲一个模型，则可对该模型应用_____修改器。

7. 在修改器堆栈列表中，位于堆栈底部的命令是_____。

8. 位于修改器堆栈下方的 ∂ 按钮的作用是_____。

9．三维模型有 5 个子对象层级，即 _____ 、_____ 、
_____ 、_____ 和 _____ 。

二、简答题

1．可以对一个模型使用多个修改器吗？

2．修改器堆栈的作用是什么？

3．如何用"编辑网格"修改器来编辑三维模型的顶点、边或面？

4．使用"弯曲"修改器弯曲一个模型时，影响弯曲平滑程度的因素是什么？

三、上机操作

参照图 4-50，使用"噪波"修改器制作红旗飘扬的动画（动画效果可参见本书配套光盘上"实战"文件夹中的文件"实战 4-3.avi"）。

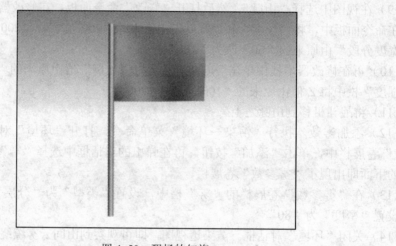

图 4-50　飘扬的红旗

第5章 材质和贴图

【内容导读】

在前面的几章中，我们学会了建模的基本方法。不过，要使一个物体呈现出逼真的视觉效果，除了建模之外，还需要为其指定材质。

本章重点介绍利用 3ds Max 9 的材质和贴图编辑功能，使模型具有色彩、纹理、光亮、反射、折射、透明、表面粗糙等逼真的质感。本章将通过 7 个实例，具体介绍材质编辑器的功能和基本使用方法。

【知识要点】

1. 材质编辑器。
2. 基本材质的编辑。
3. 常用贴图类型及贴图材质的编辑。
4. 常用复合材质的制作。

【任务一览】

任务 13：制作花瓶材质——材质基本参数

任务 14：制作木纹和青花瓷材质——漫反射贴图

任务 15：海底世界——程序贴图和环境贴图

任务 16：雕花茶壶和透明印花餐垫——凹凸贴图和不透明贴图

任务 17：玻璃台面和玻璃花瓶——反射贴图和折射贴图

任务 18：花蛇——顶/底材质

任务 19：酒瓶材质——多维/子对象材质

5.1 任务 13：制作花瓶材质——材质基本参数

5.1.1 任务实施

【任务目标】

1. 认识材质编辑器的功能，掌握材质编辑器的基本使用方法。

2．能够编辑和制作各种基本材质。

【任务内容】

在前面第 3 章的任务 8 中曾制作过一个花瓶，本任务通过设置材质的颜色、反射高光等基本参数，为这个花瓶附上色彩，并使其具有陶瓷质感。具体效果请参见本书配套光盘上"任务相关文档"文件夹中的文件"任务 13.max"，其渲染效果如图 5-1 所示。

图 5-1　彩色花瓶

【制作思路】

本任务要制作的是彩色陶瓷材质，材质的色彩可以通过在材质编辑器中设置漫反射颜色来实现，而陶瓷质感的一个重要特色是具有光亮的表面，这可以通过在材质编辑器中设置反射高光来实现。

【操作步骤】

1．设置材质颜色

（1）启动 3ds Max 9 应用程序之后，打开本书配套光盘上"场景"文件夹中的文件 5-1.max，该场景中有一个已经制作好了的花瓶模型，如图 5-2 所示。

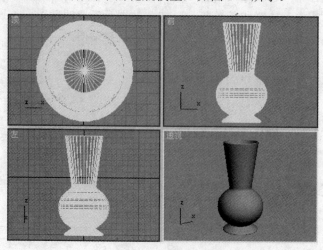

图 5-2　花瓶模型

（2）在任一视图中选择花瓶，然后单击工具栏中的 ⊞ 按钮，或直接按【M】键，打开材质编辑器，如图 5-3 所示。

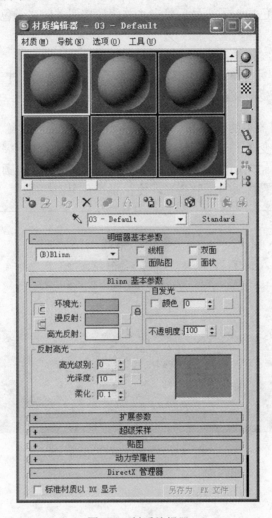

图 5-3　材质编辑器

（3）选择第二个示例球，然后在"Blinn 基本参数"卷展栏中，单击"漫反射"右边的颜色块，弹出如图 5-4 所示的"颜色选择器：漫反射颜色"对话框。

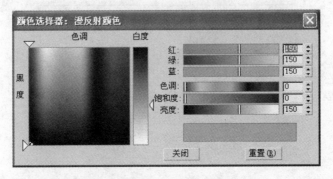

图 5-4　"颜色选择器：漫反射颜色"对话框

（4）把光标移到调色板内的红色区域顶部，单击鼠标左键后，可以看到当前示例窗口中的示例球变成了红色。再向上拖动"白度"颜色条右边的三角形滑块到最顶部，这时当前示例窗口中示例球的红色加深了。最后单击"关闭"按钮关闭"颜色选择器"对话框。

💡 提示：

在"颜色选择器"对话框中设置颜色时，除了可以在调色板中直观地选择颜色之外，还可以在红、绿、蓝右边的数值框中输入颜色值来精确地设置颜色。

（5）单击材质编辑器中的 🔧 按钮，将当前示例球的材质指定给场景中选定的花瓶。从透视图中可以看到花瓶变成了与当前示例球相同的红色。

（6）渲染透视图，结果如图 5-5 所示。现在，虽然花瓶有了颜色，但看上去还不够光亮。下面，我们继续设置材质的反射高光，使花瓶具有陶瓷的质感。

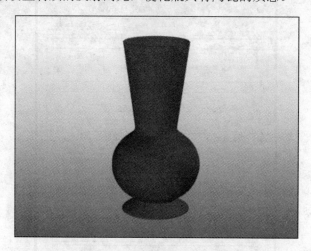

图 5-5　设置了颜色的花瓶

2．设置反射高光

（1）在材质编辑器的"Blinn 基本参数"卷展栏中，将"高光级别"的值设置为"90"，"光泽度"的值设置为"50"，如图 5-6 所示。这时，可以看到当前示例球变得光亮了，而透视图中的花瓶也发生了相同的变化。

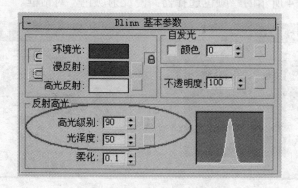

图 5-6　设置高光级别和光泽度

（2）再次渲染透视图，即可得到如图 5-1 所示的渲染结果。

 提示：

将材质编辑器示例球的材质指定给场景中的模型后，透视图可以显示出材质的大致效果，但不能显示材质的一些细微特征，如一些贴图效果和反射效果等。只有在渲染之后，才能通过渲染图观察到所有的材质细节。

5.1.2 "明暗器基本参数" 卷展栏

材质编辑器中有两个基本参数卷展栏，即"明暗器基本参数"卷展栏和"Blinn 基本参数"卷展栏。其中，"明暗器基本参数"卷展栏主要用于设置明暗器类型及材质的表现方式，如图 5-7 所示。

图 5-7 "明暗器基本参数" 卷展栏

 提示：

明暗器是一种计算表面渲染的算法，每种明暗器都有自身的渲染特性。某些明暗器是按其执行的功能命名的，如金属明暗器，另一些明暗器则是以开发人员的名字命名的，如 Blinn 明暗器等。3DS MAX 的默认明暗器是 Blinn 明暗器。

1. 明暗器类型

● Blinn 下拉列表：该下拉列表中提供了 8 种不同的明暗器类型。

① 各向异性：可创建拉伸并成角的高光，而不是标准的圆形高光。适合于表现具有高反差的物体表面。

② Blinn：为系统默认的明暗器类型，一般用于控制平滑物体的高光和阴影，它可以产生柔和的圆形高光，适合于创建质地柔和的物体材质。

③ 金属：该模式可以用来模拟逼真的金属表面。

④ 多层：该模式可以设置两个高光和阴影，每个高光可以有不同的颜色、形状和亮度。

⑤ Oren-Nayar-Blinn：用于控制材质的粗糙程度，形成粗糙的表面材质，一般用于模拟布料材质。

⑥ Phong：与 Blinn 明暗器较为接近，可用于模拟具有塑料质感的材质。

⑦ Strauss：也是一种可以产生类似于金属的材质的模式，但它比金属明暗器更灵活，更具可调性。

⑧ 半透明明暗器：与 Blinn 模式类似，但它可以制定透明度，使光线可以从物体中穿过，并在物体内部产生光线散射效果，可以用来制作类似冰雕和蚀刻玻璃的物体材质。

2. 4 种特殊效果

● 线框：选中该复选框后，将以线框的形式来渲染模型，如图 5-8 所示。在材质编辑器的"扩展参数"卷展栏中，"线框"栏的"大小"参数可设置线框的粗细。

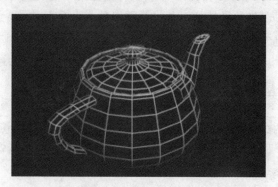

图 5-8　线框材质效果

● 双面：选中该复选框后，材质内外两面都被赋予材质。例如，一个没有加盖的茶壶，如果想看到其内侧的一面，就必须为其指定双面材质，如图 5-9 所示。

图 5-9　双面材质效果

● 面贴图：为模型的每个面都赋予贴图，如图 5-10 所示。只有当模型被指定了贴图材质之后，勾选"面贴图"复选框才有效。常用于给粒子系统贴图。

图 5-10　面贴图材质效果

● 面状：以面的方式渲染模型，材质将变成不光滑的面，如图 5-11 所示。

图 5-11 面状材质效果

5.1.3 "Blinn 基本参数"卷展栏

在"Blinn 基本参数"卷展栏中，可以设置颜色、反射高光、自发光、透明等基本材质参数。

1．材质颜色

"Blinn 基本参数"卷展栏中，有关材质颜色的参数有 3 项，如图 5-12 所示。

图 5-12 材质的颜色参数

● 环境光：代表环境光的颜色，它是样本材质特有的、从四周射向材质样本的泛光源。环境光决定材质阴暗部的颜色，单击环境光右边的颜色块可以改变环境光的颜色。

● 漫反射：代表漫反射光的颜色。漫反射光的颜色反映材质本身的颜色。单击漫反射右边的颜色块可以设置漫反射光的颜色，而单击颜色块右边的空白方块按钮则可指定漫反射贴图。

● 高光反射：代表高光颜色，即材质在光源照射下所产生的高光区的颜色。同样，单击高光反射右边的颜色块可以设置高光的颜色，而单击颜色块右边的空白方块按钮则可指定高光贴图。

注意在 3 个颜色参数的左边有两个 C 按钮，用于锁定环境光和漫反射，以及漫反射和高光反射。当该按钮处于黄色按下状态时，被锁定的两种颜色参数会保持相同的颜色。

2．材质的反射高光

材质的反射高光可以表现材质表面的光亮程度，如土石材质的高光度就远远小于金属材质的高光度。

材质编辑器的"Blinn 基本参数"卷展栏中，"反射高光"栏提供了高光参数的设置，如图 5-13 所示。

● 高光级别：设置高光的强度。该参数值越大，材质的反光效果就越强烈，高光曲线也就越高。当高光级别的值为"0"时，高光曲线为一条水平直线，这时材质没有反光效果。

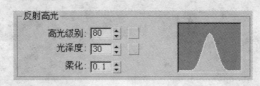

图 5-13　高光参数和高光曲线

如图 5-14 所示为 3 种不同高光级别值的效果对比。

高光级别=0　　　　　　高光级别=40　　　　　　高光级别=90

图 5-14　3 种不同高光级别值的效果对比

● 光泽度：用于设置高光的范围。该参数值的大小与高光区大小成反比，光泽度值越大，高光区就越小，这时高光曲线就越尖锐。

如图 5-15 所示为高光级别值为"60"时，3 种不同光泽度的效果对比。

光泽度=10　　　　　　光泽度=30　　　　　　光泽度=70

图 5-15　3 种不同光泽度的效果对比

● 柔化：用于设置高光区与非高光区的渐变过渡，柔化的值越大，渐变就越慢，高光区与非高光区的边界就越柔和。柔化的最大值为"1"。

3．自发光材质

材质编辑器"Blinn 基本参数"卷展栏中的"自发光"参数用于设置材质的自发光效果。被赋予了自发光材质的物体，在没有任何光源的场景中也能被看见。自发光材质通常用来指定给作为光源的物体，如月亮、车灯和霓虹灯等。

"自发光"参数的取值范围为 0～100，当自发光的值为"0"时，材质不发光，而当自发光的值为"100"时，材质的自发光强度为最大，这时被赋予了自发光材质的物体，其表面的阴影将完全消失。

4．透明材质

材质编辑器的"Blinn 基本参数"卷展栏中还有一个"不透明度"参数，可以制作出类似玻璃的透明材质。

参数的默认值为"100"，这时材质不透明。把不透明度设置为小于"100"的值时，材质就会产生透明效果，不透明度的值越小，材质就越透明。当不透明度的值为"0"时，材质完全透明，此时除了高光区可见外，材质的其他部分将会不可见。

在材质编辑器的示例窗口中设置透明材质时，为了观察到示例球的透明效果，通常单击示例球列表右侧工具栏中的"背景"按钮▦，使当前示例窗口显示出彩色方格背景。如图 5-16 所示为 3 种不同"不透明度"参数值的效果对比。

不透明度=100　　　　　　　　不透明度=80　　　　　　　　不透明度=40

图 5-16　3 种不同"不透明度"参数值的效果对比

5.2　任务 14：制作木纹和青花瓷材质——漫反射贴图

5.2.1　任务实施

【任务目标】

1. 理解贴图材质的特点，能够编辑和制作漫反射贴图材质。
2. 能熟练调整贴图坐标。

【任务内容】

在实际应用中，使用更多的是贴图材质。贴图材质是指被赋予了图像的材质。利用贴图材质，可以模拟现实世界中物体表面的纹理图案，如木纹、大理石花纹、砖墙和各种装饰图案等。本任务将为场景文件 5-2.max 中的桌面和花瓶指定贴图材质，使其成为木纹桌面和青花瓷花瓶，具体效果请参见本书配套光盘上"任务相关文档"文件夹中的文件"任务14.max"，其渲染效果如图 5-17 所示。

通过本任务的操作，介绍最基本的贴图——漫反射贴图的设置方法，以及设置和调整贴图坐标的方法。

【制作思路】

1. 准备一幅木纹图片，然后直接对长方体桌面应用漫反射贴图即可实现木纹材质。青花瓷材质同样可以通过漫反射贴图来实现，并参照前面的任务 13，通过材质基本参数的设置来形成光亮的陶瓷质感。
2. 由于青花瓷材质的赋予对象是一个花瓶，因此，为了使青花图案能较好地"包裹"

在花瓶上，还应调整花瓶模型的贴图坐标。

图 5-17　木纹桌面和青花瓷花瓶

【操作步骤】

1．制作木纹材质

（1）启动 3ds Max 9 应用程序之后，打开本书配套光盘上"场景"文件夹中的 5-2.max 文件，文件中的场景如图 5-18 所示。

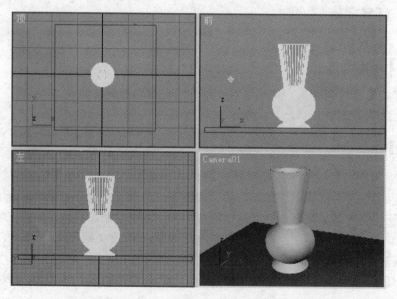

图 5-18　5-2.max 文件中的场景

（2）在视图中选择长方体桌面，然后单击工具栏中的 按钮，或按【M】键，打开材质编辑器。确认第一个示例球被选定。

（3）在"Blinn 基本参数"卷展栏中，单击漫反射右边的空白方块按钮，打开"材质/贴图浏览器"对话框，如图 5-19 所示。

（4）在"材质/贴图浏览器"中，双击"位图"，弹出文件选择对话框。选择本书配套光

盘上的文件"任务相关文档\素材\木纹.jpg",最后单击"打开"按钮。这时,示例对话框的
第一个示例球上即出现了图形文件"木纹.jpg"中的木纹图案。

图 5-19　"材质/贴图浏览器"对话框

　　(5)将贴图材质指定给桌面。单击示例对话框下方水平工具栏中的 按钮,将当前示
例球的贴图材质指定给桌面,这时 Camera01 视图中的桌面只改变了颜色,而没有显示出木
纹图案。按下材质编辑器水平工具栏中的"在视口中显示贴图"按钮 后,即可从
Camera01 视图中观察到桌面上的贴图效果。不过,从摄像机视图或透视图中预览到的贴图
材质效果往往很粗糙,经过渲染才能看到其精确效果,如图 5-20 所示。

图 5-20　桌面的木纹效果(一)

　　从渲染效果可以看出，桌面上的木纹图案显得较粗，下面，通过调整贴图坐标的相关参数，使木纹变成细密一些。

　　（6）调整木纹材质的贴图坐标。在材质编辑器的"坐标"卷展栏中，将"平铺"下面的两个值分别设置为"3"和"2"，如图 5-21 所示。

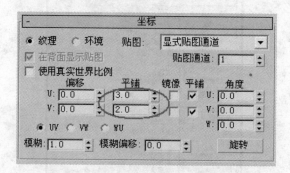

图 5-21　调整木纹材质的贴图坐标

　　（7）再次渲染 Camera01 视图，结果如图 5-22 所示。

图 5-22　桌面的木纹效果（二）

2．制作青花瓷材质

　　（1）设置基本材质参数。在材质编辑器中选择第二个示例球，然后在"Blinn 基本参数"卷展栏中，将"高光级别"设置为"90"，"光泽度"设置为"50"。

　　（2）指定漫反射贴图。在"Blinn 基本参数"卷展栏中，单击漫反射右边的空白方块按钮，再在弹出的"材质/贴图浏览器"中双击"位图"。最后在弹出的文件选择对话框中选择本书配套光盘上的文件"任务相关文档\素材\青花.jpg"，单击"打开"按钮后，第二个示例球上即出现了青花图案。

　　（3）将贴图材质指定给花瓶。在视图中选择花瓶，然后单击材质编辑器水平工具栏中的　按钮，将当前示例球的青花贴图材质指定给花瓶。从 Camera01 视图中可以看出青花图案位于花瓶的背面，下面通过调整贴图坐标来改变青花图案在花瓶上的显示位置。

　　（4）调整贴图的显示位置。在材质编辑器的"坐标"卷展栏中，将"偏移"下面的 V

设置为"0.5"，这时，从 Camera01 视图中可以看出青花图案移到了花瓶的前面，其渲染效果如图 5-23 所示。

图 5-23　调整贴图坐标之前的青花瓷效果

从渲染结果中可以看出，瓶身上的青花图案有些变形，并且图案不够完整。下面通过对花瓶应用 UVW 贴图修改器，进一步调整花瓶的贴图效果。

3．应用 UVW 贴图修改器

（1）确认花瓶被选定，单击命令面板上方的 ✍ 按钮，打开"修改"面板。在修改器列表中选择"UVW 贴图修改器"，其相关参数即出现在命令面板中。

（2）设置贴图 Gizmo 类型。参照图 5-24，在"参数"卷展栏的"贴图"中选择"柱形"，同时注意观察 Camera01 视图中花瓶上图案的变化。

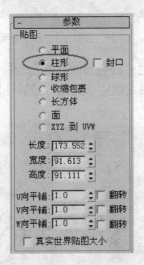

图 5-24　设置花瓶的贴图 Gizmo 类型

（3）调整 UVW 修改器的 Gizmo。在修改器堆栈中，单击 UVW 贴图前面的"+"号使之展开，再选择下面的 Gizmo。单击工具栏中的 ↻ 按钮，在左视图中将黄色的 Gizmo 绕 Z

轴逆时针旋转 90°，结果如图 5-25 所示。

图 5-25　旋转 Gizmo 的效果

（4）缩放 Gizmo。单击工具栏中的 ▢ 按钮，在顶视图中将 Gizmo 沿 X 轴适当缩小，使柱形的 Gizmo 正好包裹住花瓶。再在前视图中将 Gizmo 沿 Y 轴放大至花瓶的高度，结果如图 5-26 所示。

图 5-26　缩放 Gizmo 的效果

（5）移动 Gizmo。单击工具栏中的 ✥ 按钮，在前视图中沿 Y 轴将 Gizmo 下移，同时注意从 Camera01 视图中观察青花图案的位置变化，最后使图案能够完整地呈现在花瓶上，如图 5-27 所示。

图 5-27　移动 Gizmo 的效果

（6）渲染 Camera01 视图，即可得到如图 5-17 所示的渲染结果。

5.2.2　贴图类型

设置漫反射贴图材质时，既可以在材质编辑器的"Blinn 基本参数"卷展栏中单击漫反射右边的空白方块按钮获取贴图，也可以在"贴图"卷展栏中单击"漫反射颜色"右边的 None 按钮，如图 5-28 所示。

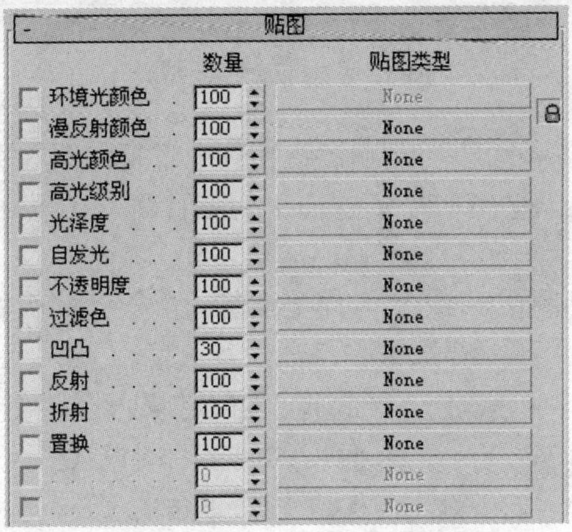

贴图		
	数量	贴图类型
☐ 环境光颜色	100 ↕	None
☐ 漫反射颜色	100 ↕	None
☐ 高光颜色	100 ↕	None
☐ 高光级别	100 ↕	None
☐ 光泽度	100 ↕	None
☐ 自发光	100 ↕	None
☐ 不透明度	100 ↕	None
☐ 过滤色	100 ↕	None
☐ 凹凸	30 ↕	None
☐ 反射	100 ↕	None
☐ 折射	100 ↕	None
☐ 置换	100 ↕	None
☐	0 ↕	None
☐	0 ↕	None

图 5-28　"贴图"卷展栏

除了漫反射贴图之外，在"贴图"卷展栏中还可设置高光级别、光泽度、自发光、不透明度、凹凸、反射等。本章后面的几个任务中，将对不透明度、凹凸、反射贴图等类型的应用进行详细介绍。

5.2.3　贴图坐标

贴图坐标决定了贴图在模型上的位置、方向和数量等放置方式，贴图坐标对最后的贴图效果有着较大的影响。3DS MAX 中，贴图坐标采用的是 UVW 坐标系，其中，U、V 坐标轴分别代表了贴图的宽和高两个方向，它们的交点是旋转贴图的基点。W 坐标轴与 U、V 坐标平面垂直，并穿过 U、V 坐标轴的交点。

调整贴图坐标的常用方法有两种，一是使用材质编辑器的"坐标"卷展栏；二是使用 UVW 贴图修改器。

1. "坐标"卷展栏

设置了贴图材质之后，材质编辑器的"Blinn 基本参数"卷展栏中，漫反射或高光反射颜色块右边的空白按钮上会出现字母 M，单击【M】按钮即可进入下一级的编辑层。这时，材质编辑器的下方会出现"坐标"卷展栏，如图 5-29 所示。改变"坐标"卷展栏中的相应参数，即可调整贴图坐标。

- 贴图通道：给一个物体设置不同的贴图坐标时，可以设置不同的通道，以观察和显示贴图效果。

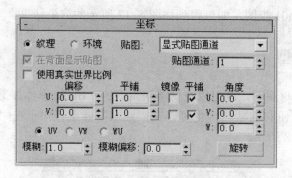

图 5-29 "坐标"卷展栏

● UV 参数：其后的参数可以控制贴图在物体上重复贴图的次数、偏移量等。

① 偏移：设置位图贴图在 U 或 V 方向上的偏移量。可以用于调整贴图在物体表面的位置。

② 平铺：设置位图贴图在 U 或 V 方向上重复的次数。默认值为"1"，使用此项时一般要选中"平铺"复选框。

③ 镜像：可以使贴图产生镜像复制。

● 角度：调整贴图在 U、V、W 方向上的角度，也可以采用右下角的"旋转"按钮进行设置。

● 模糊：增加物体的模糊程度，可以用于对远景物体的贴图。

● 模糊偏移：利用图像的偏移产生模糊的贴图效果，一般用于产生柔化的效果。

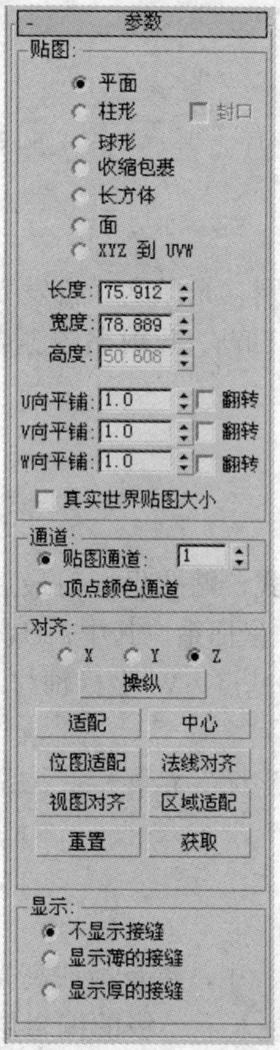

2. UVW 贴图修改器

在材质编辑器中调整贴图坐标时，场景中所有被赋予了该贴图材质的物体，其贴图效果均会受到影响。如果希望只调整某个物体的贴图坐标，则可以使用"修改"命令面板中的 UVW 贴图修改器。此外，通过对 UVW 贴图修改器的 Gizmo 进行移动、旋转和缩放操作，还可以非常直观地调整贴图图案在对象上的位置、大小和角度。

在视图中选择要调整贴图坐标的对象后，打开"修改"命令面板，再在"修改器列表"中选择 UVW 贴图，这时命令面板中即会出现相关的参数卷展栏，如图 5-30 所示，其中包括贴图、通道、对齐 3 个部分。

（1）贴图：提供了 7 种不同的贴图方式。给物体指定贴图材质时，最好能够根据物体的几何结构来选择贴图方式。例如，要将含有木纹图案的材质指定给一张桌子，则可对桌子的不同部位指定不同的贴图方式。对桌面和抽屉

图 5-30 UVW 贴图修改器的参数

表面可用平面贴图方式，对近似球形的抽屉把手可用球形贴图方式，而对近似柱形的桌子脚则可用柱形贴图方式。

7 种贴图方式具体如下：

- 平面：平面贴图方式是将图案平铺在物体的表面上，这种贴图方式适用于物体上的长方形平面，如桌面、墙壁、地板等。
- 柱形：柱形贴图方式是以圆柱的方式围在物体的表面，这种贴图方式适用于柱体状的物体，如花瓶、茶杯等。此选项还有一个"封口"复选框，选择该复选框后圆柱体顶面也会进行贴图。
- 球形：球形贴图方式是将贴图向球体两侧包裹，然后在物体的上下顶收口，形成两个点，在球体的另一侧会产生接缝，这种贴图方式适用于球状物体。
- 收缩包裹：对球形贴图方式的补充。贴图坐标也是按球体方式贴图，但它与球形贴图不同的是，它将贴图从物体的顶部向下包裹，在物体的底部收口，形成一个点，点周围的贴图会产生变形。
- 长方体：这种贴图方式是在长方体的 6 个面上同时进行贴图。
- 面：在网格物体的每个面上产生一幅贴图。
- XYZ 到 UVW：XYZ 坐标系转换为 UVW 坐标系。

"贴图"栏中的其他参数如下：

- 长度、宽度、高度：用于控制贴图的大小。
- U 向平铺、V 向平铺、W 向平铺：用于设置材质重复贴图的次数。它和材质编辑器中同类贴图参数不同的是，材质编辑器是从中心开始的，而此处产生重复的基准点是右下角。其后的"翻转"项可以使贴图在对应方向上发生翻转。

（2）通道：用于设置在哪个通道上显示贴图。

（3）对齐：用于设置贴图坐标的对齐方式，一般在"平面"方式时使用。

- 适配：改变贴图坐标原有的位置和比例，使贴图坐标自动与物体的外轮廓边界大小一致。
- 中心：使贴图坐标中心与物体中心对齐。
- 位图适配：使贴图坐标的比例与位图图片的比例一致。
- 法线对齐：使贴图坐标与物体的法线垂直。
- 视图对齐：使贴图坐标与当前视图对齐。
- 区域适配：使贴图坐标与所画区域比例一致。
- 重置：使贴图坐标恢复到初始状态。
- 获取：可以获取其他场景对象贴图坐标的角度、位置、比例。

5.3 任务 15：海底世界——程序贴图和环境贴图

5.3.1 任务实施

【任务目标】

1. 理解程序贴图的特点，了解常用的程序贴图类型，掌握设置程序贴图的方法。

2．掌握设置环境贴图的方法。

【任务内容】

第 4 章的任务 12 中制作了一条卡通鱼，本任务将应用材质制作，使这条卡通鱼具有一身漂亮的花纹，同时将一幅海底风景图设置为渲染背景，从而构成一个逼真的海底世界。具体效果请参见本书配套光盘上"任务相关文档"文件夹中的文件"任务 15.max"，其渲染效果如图 5-31 所示。

通过本任务的操作，学习程序贴图和环境贴图的设置方法。

图 5-31　海底世界

【制作思路】

鱼身上的花纹可以通过"斑点"和"渐变"贴图来实现，通过调整程序贴图的参数来改变花纹颜色和大小。而海底世界的背景则通过设置环境贴图来实现。

【操作步骤】

1．制作鱼的花纹

（1）启动 3ds Max 9 应用程序之后，打开本书配套光盘上"场景"文件夹下的 5-3.max 文件，其场景中有一个卡通鱼模型，如图 5-32 所示。

（2）在视图中选择卡通鱼，然后单击工具栏中的 ▓ 按钮或按【M】键，打开材质编辑器，确认第一个示例球被选定。

（3）在"Blinn 基本参数"卷展栏中，单击漫反射右边的空白方块按钮，打开材质/贴图浏览器。

（4）在材质/贴图浏览器中，双击"渐变"，这时，当前示例球上即显示出了黑白灰的渐变效果，同时，材质编辑器的下方出现了"渐变参数"卷展栏，如图 5-33 所示。

（5）单击材质编辑器水平工具栏中的 ▓ 按钮，将当前示例球的贴图材质指定给卡通鱼，再按下水平工具栏中的 ▓ 按钮，这时可以从透视图中观察到卡通鱼上的黑白灰渐变贴图。

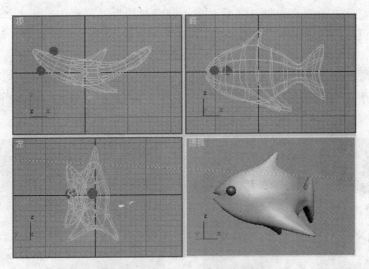

图 5-32　5-3.max 文件中的场景

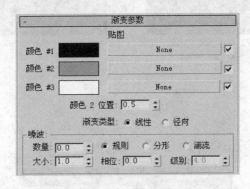

图 5-33　"渐变参数"卷展栏

（6）改变渐变颜色。在材质编辑器的"渐变参数"卷展栏中，单击"颜色 #2"右边的灰色颜色块，在弹出的颜色选择对话框中选择浅蓝色。并将"颜色 #2 位置"的值由原来的 0.5 改为 0.3。这时，当前示例球及透视图的鱼身上均出现了黑色、浅蓝色和白色的渐变图案。透视图的渲染效果如图 5-34 所示。

图 5-34　透视图的渲染效果

（7）将渐变中的黑色改为斑点图案。在"渐变参数"卷展栏中，单击"颜色 #1"右边的【None】按钮，再在弹出的"材质/贴图浏览器"中双击"斑点"。这时，示例球的上半部出现了黑色斑点图案。透视图的渲染效果如图 5-35 所示。

（8）设置斑点的大小和颜色。在材质编辑器的"斑点参数"卷展栏中，将"大小"设置为"100"，再将"颜色#1"和"颜色#2"分别设置为白色和红色，这时透视图的渲染效果如图 5-36 所示。

图 5-35　透视图的渲染效果（一）　　　　　　图 5-36　透视图的渲染效果（二）

2. 设置渲染背景

（1）关闭材质编辑器后，执行"渲染→环境"菜单命令，打开如图 5-37 所示的窗口。窗口的"背景"栏用于设置渲染背景。

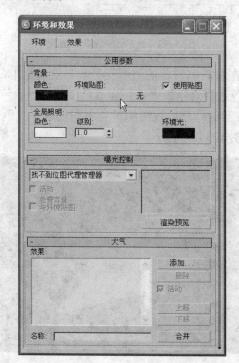

图 5-37　"环境和效果"窗口

（2）在对话框的"背景"栏中，单击"环境贴图"下面的【None】按钮。再在弹出的"材质/贴图浏览器"中双击"位图"，即可打开文件选择对话框。选择本书配套光盘上的文件"任务相关文档\素材\海底世界.jpg"，最后单击"打开"按钮。

（3）关闭"环境和效果"对话框。渲染透视图，即可得到一幅漂亮的海底世界效果图。

 提示：

默认的渲染背景颜色为黑色，除了可将渲染背景设置为贴图背景外，还可以设置任意单色背景。方法是在"环境和效果"对话框中单击"颜色"下面的黑色颜色块，再在弹出的颜色选择对话框中选择想要的颜色即可。

5.3.2 其他常用的程序贴图

1. 棋盘格

棋盘格贴图是将两种颜色或图案以间隔混和的方式在同一对象上显现，产生类似棋盘格的效果，如图 5-38 所示。

图 5-38 棋盘格贴图效果

棋盘格的参数面板如图 5-39 所示。

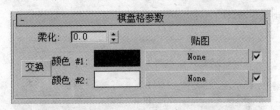

图 5-39 棋盘格的参数面板

● 颜色#1 和颜色#2：表示棋盘格的两种不同颜色，默认为黑色和白色。单击颜色 #1 和颜色#2 右边的颜色块，可以另外设置棋盘格的颜色。

● 交换：单击该按钮后，将互换颜色#1 和颜色#2 的颜色。

● 贴图：单击"贴图"下方的【None】按钮，可通过打开的"材质/贴图浏览器"，为两个颜色方格指定贴图。

● 柔化：设置颜色#1 和颜色#2 两种颜色的渐变过渡，如图 5-40 所示。

柔化=0.2　　　　　　　　　　　　　柔化=0.5

图 5-40　棋盘格贴图的柔化效果

2. 噪波

噪波是一种 3D 贴图，用于形成不规则的杂色，如图 5-41 所示。

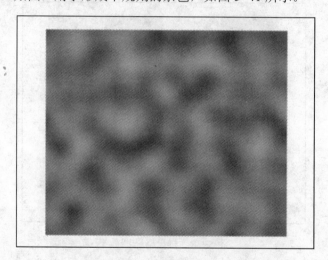

图 5-41　噪波贴图效果

噪波的参数面板如图 5-42 所示。

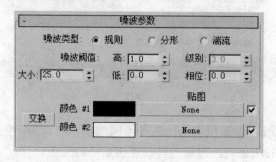

图 5-42　噪波的参数面板

● 噪波类型：分为规则、分形和湍流 3 种类型，其效果如图 5-43 所示。

规则　　　　　　　　　　分形　　　　　　　　　　湍流

图 5-43　3 种噪波类型

● 噪波阈值：其中的大小、高低、级别等参数用于设置噪波的大小、范围和级别等。
● 颜色#1 和颜色#2：分别用于设置噪波的两种颜色。
● 交换：单击该按钮后，将互换颜色#1 和颜色#2 的颜色。

3．旋涡

旋涡贴图是在模型表面赋予两种颜色形成的旋涡状图案，效果如图 5-44 所示。

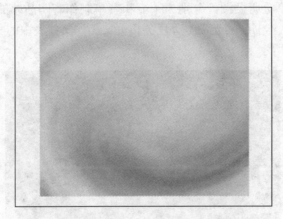

图 5-44　旋涡贴图效果

4．波浪

波浪贴图用于形成类似水波的较为规则的花纹，效果如图 5-45 所示。

图 5-45　波浪贴图效果

5.4　任务 16：雕花茶壶和透明印花餐垫——凹凸贴图和不透明贴图

5.4.1　任务实施

【任务目标】

1. 了解凹凸贴图的特点，掌握凹凸贴图的使用方法。
2. 了解不透明贴图的特点，掌握不透明贴图的使用方法。

【任务内容】

利用凹凸贴图和不透明贴图，分别为茶壶和餐垫制作有凹凸感的雕花材质和透明印花材质。具体效果请参见本书配套光盘上"任务相关文档"文件夹中的文件"任务 16.max"，其渲染效果如图 5-46 所示。

图 5-46　雕花茶壶和透明印花餐垫

【制作思路】

雕花茶壶的材质可以通过凹凸贴图实现，调整凹凸贴图的"数量"参数可改变雕花的凹凸程度。餐垫的透明印花材质可以通过不透明贴图实现，调整不透明贴图的"数量"参数可改变餐垫的透明程度。

【操作步骤】

1. 制作茶壶的雕花材质

（1）启动 3ds Max 9 应用程序之后，打开本书配套光盘上"场景"文件夹下的 5-4.max 文件，其场景如图 5-47 所示。

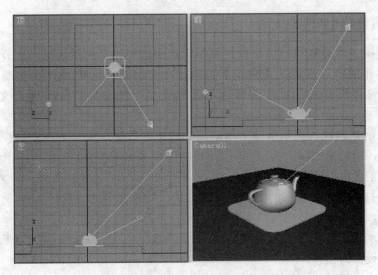

图 5-47　5-4.max 文件中的场景

（2）在视图中选择茶壶，单击工具栏中的 ⚃ 按钮，或按【M】键打开材质编辑器，确认第一个示例球被选择。

（3）在材质编辑器中展开"贴图"卷展栏，单击"凹凸"右边的【None】按钮，再在弹出的"材质/贴图浏览器"中双击"位图"，然后在文件选择对话框中选择本书配套光盘上的文件"任务相关文档\素材\青花 02.jpg"。

（4）从示例窗口中可以看出，示例球上出现了凹凸的花纹，只是不太明显。单击水平工具栏中的 ⬆ 按钮，返回上一个编辑层。在"贴图"卷展栏中，将"凹凸"栏的"数量"值设置为"80"。这时，示例球上的凹凸花纹变得非常突出了，但其颜色仍然为灰色，这是示例球本身的漫反射颜色。下面调整示例球的漫反射颜色及反射高光。

（5）在"Blinn 基本参数"卷展栏中，将漫反射颜色设置为白色，再将高光级别设置为"70"，将光泽度设置为"60"。在"明暗器基本参数"卷展栏中，勾选"双面"。

（6）单击材质编辑器中的 ⚃ 按钮，将当前示例球的材质指定给茶壶。渲染 Camera01 视图，效果如图 5-48 所示。

图 5-48　雕花茶壶效果

2. 制作餐垫的透明印花材质

（1）在视图中选择餐垫，然后在材质编辑器中选择第二个示例球。展开"贴图"卷展栏，再单击"不透明"右边的【None】按钮，在弹出的"材质/贴图浏览器"中双击"位图"，然后在文件选择对话框中选择本书配套光盘上的文件"任务相关文档\素材\青花03.jpg"。

（2）为了清楚地观察到示例球上网格图案的透明效果，单击垂直工具栏中的████按钮。这时可以看出，当前示例球上的印花图案是透明的，形成镂空的花纹效果，而不透明的部分则表现为材质的漫反射颜色。

（3）展开材质编辑器底部的"输出"卷展栏，勾选其中的"反转"，这时示例球上的印花变得不透明，而其余部分则变得透明。

（4）单击水平工具栏中的█按钮，返回上一编辑层。在"Blinn 基本参数"卷展栏中，将漫反射颜色设置为白色。

（5）单击水平工具栏中的█按钮，将当前示例球的材质指定给餐垫。渲染 Camera01 视图，效果如图 5-49 所示。

图 5-49　透明印花餐垫效果

（6）改变餐垫的透明度。在"贴图"卷展栏中，将"不透明"栏的"数量"值设置为"85"。再次渲染 Camera01 视图，可以看出餐垫从完全透明变成了半透明。

5.4.2　凹凸贴图

凹凸贴图是 3DS MAX 中使用得较多的贴图类型，其作用是根据图形的灰度值产生凹凸不平的效果，图形中暗的地方凹下去，亮的地方凸起来。可选择一个位图文件或程序贴图用于凹凸贴图。当需要创建浮雕效果或粗糙不平的表面时，可使用凹凸贴图。

凹凸贴图的"数量"参数影响凹凸的程度，该值越大，凹凸感就越强。有时，可以为凹凸贴图材质设置适当的反光，反光可以更好地烘托出凹凸效果。

5.4.3 不透明贴图

不透明贴图是根据贴图图案的明暗来决定贴图材质的透明与否，默认情况下，贴图图案中亮度较高的地方（如白色）表现为不透明，而较暗的地方（如黑色）则表现为透明。设置不透明贴图时，如果使用一幅黑白图案，则可以制作出镂空的视觉效果。如果使用一幅彩色图案，则可以制作出半透明的效果。不透明贴图通常用于制作部分透明的材质效果。

当只应用不透明贴图时，贴图中不透明图案的颜色反映为材质的漫反射颜色。如果希望贴图中的不透明图案显示为位图文件或程序贴图本身的色彩，则在应用不透明贴图的同时，还应将相同的位图文件或程序贴图应用于漫反射贴图。

5.5 任务 17：玻璃台面和玻璃花瓶——反射贴图和折射贴图

5.5.1 任务实施

【任务目标】

1. 了解反射贴图的特点，掌握反射贴图的使用方法。
2. 了解折射贴图的特点，掌握折射贴图的使用方法。

【任务内容】

本任务将制作两种透明玻璃材质，一是玻璃台面的材质，这是有一定镜面效果的平板玻璃；二是玻璃花瓶的材质，这是有折射效果的曲面玻璃。具体效果请参见本书配套光盘上"任务相关文档"文件夹中的文件"任务 17.max"，其渲染效果如图 5-50 所示。

图 5-50　玻璃台面和玻璃花瓶

【制作思路】

将"光线跟踪"用于反射贴图，可使玻璃台面产生镜面效果，并通过设置"不透明度"参数，形成玻璃的透明感。而花瓶的玻璃质感则要同时应用反射贴图和"光线跟踪"折射贴图。

【操作步骤】

1. 制作玻璃台面的材质

（1）启动 3ds Max 9 应用程序之后，打开本书配套光盘上"场景"文件夹下的 5-5.max 文件，其中的场景如图 5-51 所示。

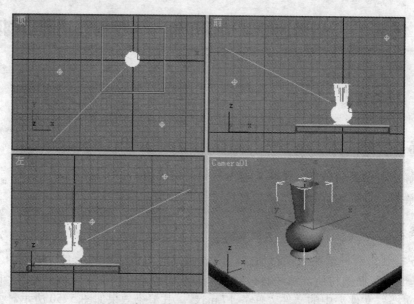

图 5-51   5-5.max 文件中的场景

（2）在视图中选择作为台面的长方体，然后单击工具栏中的 按钮或按【M】键，打开材质编辑器，确认第一个示例球被选定。

（3）在材质编辑器中单击水平工具栏中的 按钮，将第一个示例球的材质指定给场景中选定的台面。

（4）设置玻璃的透明效果。单击材质编辑器中垂直工具栏中的 按钮，使第一个示例球窗口显示出彩色方格背景。在"Blinn 基本参数"卷展栏中，将"不透明度"的值设置为"20"，可以看出示例球变透明了。再在"Blinn 基本参数"卷展栏中，将高光级别的值设置为"90"，将光泽度的值设置为"70"，以增加示例球的光泽感。最后在"明暗器基本参数"卷展栏中，勾选"双面"复选框。

（5）设置镜面反射效果。打开"贴图"卷展栏，单击"反射"右边的"None"按钮，在弹出的"材质/贴图浏览器"中，双击"光线跟踪"。渲染 Camera01 视图，可以看出玻璃台面有了很强的平面镜反射效果。

（6）单击 按钮返回上一级编辑层，在"贴图"卷展栏中将反射贴图的"数量"值修改为"30"。再次渲染 Camera01 视图,玻璃台面的效果如图 5-52 所示。

图 5-52 玻璃台面的效果

2．制作花瓶的玻璃材质

（1）在视图中选择花瓶,然后在材质编辑器中选择第二个示例球。单击水平工具栏中的 按钮,将第二个示例球的材质指定给花瓶。

（2）设置玻璃花瓶的反射高光。在"Blinn 基本参数"卷展栏中,将高光级别的值设置为"120",将光泽度的值设置为"90",以增加示例球的光泽感。最后在"明暗器基本参数"卷展栏中,勾选"双面"复选框。

（3）设置玻璃花瓶的折射效果。单击材质编辑器中垂直工具栏中的 按钮,使第二个示例窗口显示出彩色方格背景。打开"贴图"卷展栏,单击"折射"右边的"None"按钮,在弹出的"材质/贴图浏览器"中,双击"光线跟踪"。渲染 Camera01 视图,玻璃花瓶的折射效果如图 5-53 所示。

图 5-53 玻璃花瓶的折射效果

（4）设置玻璃花瓶的反射效果。单击 按钮返回上一级编辑层,再在"贴图"卷展栏中单击"反射"右边的"None"按钮,在弹出的"材质/贴图浏览器"中,双击"渐变"按钮，第二个示例球变得非常明亮。

（5）单击按钮返回上一级编辑层，在"贴图"卷展栏中将反射贴图的"数量"值修改为"10"。渲染 Camera01 视图，可以看出，加了反射贴图之后，花瓶变得更加透亮了。

5.5.2　反射贴图

反射贴图通常运用到表面光亮的、具有反射效果的物体上，如镜面、水面、光滑表面的金属、反射景物的玻璃窗等，特别是对于金属材质和玻璃材质，在运用了反射贴图之后，其金属质感或玻璃质感会大大加强。

运用反射贴图时，需要注意的是贴图"数量"参数的设置应该根据材质的实际情况而定。另外，反射模糊度的设置应该适度，对玻璃和金属一类的材质，太清晰和太模糊的反射贴图都会降低材质的真实感。

5.5.3　折射贴图

折射贴图通常用来制作有折射效果的材质，如制作透明的玻璃器皿时，通常会用到折射贴图。

常常将"光线跟踪"应用于折射贴图，其目的是使赋予了该贴图材质的物体能够自动折射其周围的景物（包括画面背景）。

提示：

无论是反射贴图还是折射贴图，当使用了"光线跟踪"后，都会在一定程度上降低渲染速度。

5.6　任务 18：花蛇——顶/底材质

5.6.1　任务实施

【任务目标】

1. 理解复合材质的特点，能够灵活运用复合材质。
2. 掌握顶/底材质的设置方法。

【任务内容】

本任务将给蛇赋上背部为蛇皮纹理而腹部为白色的材质。具体效果请参见本书配套光盘上"任务相关文档"文件夹中的文件"任务 18.max"，其渲染效果如图 5-54 所示。

通过本任务的操作，介绍复合材质的基本使用方法。

图 5-54 花蛇

【制作思路】

使用复合材质中的顶/底材质可以向对象的顶部和底部指定两种不同的材质，并且还可以将这两种材质混合在一起。因此，要使蛇的背部和腹部具有两种不同的材质效果，就应该使用顶/底材质。

【操作步骤】

1. 选择顶/底材质类型

（1）启动 3ds Max 9 应用程序之后，打开本书配套光盘上"场景"文件夹下的 5-6.max 文件，其场景中提供了一个蛇的模型，如图 5-55 所示。

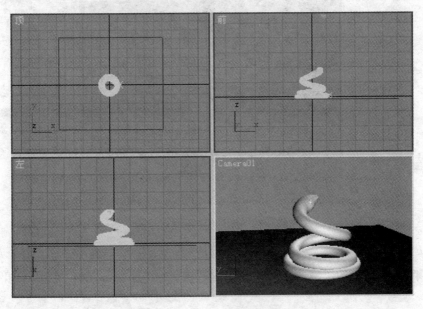

图 5-55 5-6.max 文件中的场景

（2）在视图中选择蛇，然后单击工具栏中的 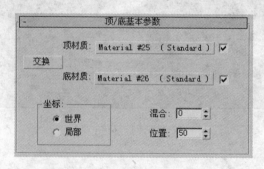 按钮或按【M】键，打开材质编辑器。选择第二个示例球，在材质编辑器中单击水平工具栏中的按钮，将第二个示例球的材质指定给场景中选定的蛇。

（3）在材质编辑器中单击水平工具栏右下方的【Standard】按钮，然后在弹出的材质/贴图浏览器中双击"顶/底"，这时材质编辑器中出现了"顶/底基本参数"卷展栏，如图 5-56 所示。

图 5-56　"顶/底基本参数"卷展栏

2. 设置顶/底材质的参数

（1）设置蛇背部的蛇皮纹理。在"顶/底基本参数"卷展栏中，单击"顶材质"右边的长按钮进入顶部材质编辑层。

（2）在"Blinn 基本参数"卷展栏中，单击漫反射右边的空白方块按钮，打开"材质/贴图浏览器"窗口，双击其中的"位图"，然后在打开的文件选择对话框中选择本书配套光盘上的文件"任务相关文档\素材\蛇皮.jpg"。这时，示例球的上半部出现了蛇皮纹理。渲染 Camera01 视图，效果如图 5-57 所示。

图 5-57　蛇皮纹理效果（一）

（3）设置贴图坐标。在材质编辑器的"坐标"卷展栏中，将 U 方向上的"平铺"设置为"20"，将 V 方向上的"平铺"设置为"120"。再次渲染 Camera01 视图，效果如图 5-58 所示。

（4）设置蛇腹部的颜色。单击按钮返回"顶/底基本参数"卷展栏，然后单击"底材质"右边的长按钮进入底部材质编辑层。在"Blinn 基本参数"卷展栏中，将漫反射颜色设置为白色。渲染 Camera01 视图，可以看出蛇背部为蛇皮纹理而腹部则为白色，两者之间的界线非常分明。

图 5-58　蛇皮纹理效果（二）

（5）设置顶部材质和底部材质的混合效果。单击 按钮返回"顶/底基本参数"卷展栏，将其中的"混合"值设置为"60"。渲染 Camera01 视图，即可得到如图 5-54 所示的效果。

5.6.2　顶/底材质的有关参数

"顶/底基本参数"卷展栏中的参数如下：
- 顶材质：单击其后的按钮进入顶部材质的设置。
- 底材质：单击其后的按钮进入底部材质的设置。
- 交换：交换顶部材质和底部材质的位置。
- 坐标：确定顶部和底部依据的坐标系。
- 混合：设置顶部材质和底部材质相互混合的程度，其值为 0～100。
- 位置：设置顶部材质和底部材质发生混合的位置，其值为 0～100。

5.6.3　复合材质

复合材质是两种或两种以上的材质通过某种方式相结合而形成的新材质。3ds Max 9 提供了多种复合材质，灵活运用复合材质可以制作出千变万化、具有丰富视觉效果的材质。在材质编辑器中单击"Standard"按钮后，即可在弹出的"材质/贴图浏览器"中选择需要的复合材质。

除了任务 18 中介绍的顶/底复合材质外，常用的复合材质还有双面、混合、合成、多维/子对象、虫漆等，其中多维/子对象材质将在后面的任务 19 中详细介绍，下面对其他几种常用复合材质进行简单介绍。

1. 双面材质

双面材质可以分别为物体的内外两面赋予不同的材质和贴图，如图 5-59 所示。其参数卷展栏如图 5-60 所示。

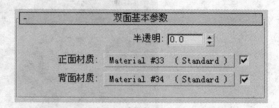

图 5-59　双面材质效果　　　　　　图 5-60　"双面基本参数"卷展栏

- 半透明：用于设置两种材质的混合程度，取值范围为 0～100。为"0"时，正面材质在外；而取"100"时，正面材质在内，背面材质在外。
- 正面材质：外表面的材质。
- 背面材质：内表面的材质。

当对带有一定厚度的物体或使用"轮廓"生成的旋转物体使用双面材质时，如果看不到双面效果，可以使用"翻转法线"命令。

2. 混合材质

混合材质是将两种材质按照一定的比例进行混合，从而在物体表面产生两种材质的效果，如图 5-61 所示。

图 5-61　花卉图案与方格图案的混合效果

混合的方式有两种。一种是使用"混合量"进行调节，取值范围为 0～100。当值为"0"时，显示第一种材质，当值为"100"时，显示第二种材质，当值介于两者之间时，显示两种材质的混合效果。第二种是使用"遮罩"，利用贴图的灰度值来决定两种材质的显示方式，贴图中纯黑色部分显示第一种材质，纯白色部分显示第二种材质，介于黑白两者之间的，根据亮度显示两种材质的混合效果。

"混合基本参数"卷展栏如图 5-62 所示。

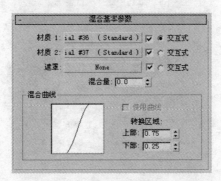

图 5-62　"混合基本参数"卷展栏

- 材质 1/材质 2：单击其后的长按钮，即可设置用于混合的两种材质。
- 遮罩：单击其后的长按钮可选择一幅贴图，根据贴图的灰度值来决定两种材质的混合情况。
- 混合量：设置两种材质混合的百分比。
- 转换区域：设置两种材质发生转换的区域。

3．合成材质

合成材质类似于混合材质，但它允许包含多达 10 种不同的材质进行合成。制作合成材质的方法是：先选择一种基础材质，然后再选择其他类型的材质与基本材质合成。如图 5-63 所示为 3 种材质的合成效果，其基础材质是用噪波制作的凹凸贴图，与其合成的另两种材质分别是方格图案和鱼纹图案。

图 5-63　3 种材质的合成效果

"合成基本参数"卷展栏如图 5-64 所示。

- 基础材质：设置合成材质的基本材质。
- 材质 1～材质 9：可以设置用于与基本材质进行合成的其他 9 种材质。其后的 A、

S、M 分别代表不同的合成类型，数值框则表示对下面材质的透过程度。

图 5-64   "合成基本参数"卷展栏

5.7 任务 19：酒瓶材质——多维/子对象材质

5.7.1 任务实施

【任务目标】

理解多维/子对象材质的特点，掌握多维/子对象材质的设置方法。

【任务内容】

第 3 章的 3.4.5 节中制作了一个瓶子模型，本任务将给这个瓶子模型赋予 3 种不同的材质，即金属瓶盖、玻璃瓶体和位图贴图的商标。具体效果请参见本书配套光盘上"任务相关文档"文件夹中的文件"任务 19.max"，其渲染效果如图 5-65 所示。

图 5-65   酒瓶

【制作思路】

使模型的不同部位具有不同材质效果的最佳方法是使用多维/子对象复合材质。首先给酒瓶的各个部位（即子对象）设置不同的材质 ID 值，然后再编辑多维/子对象复合材质，使多维/子对象复合材质中的材质 ID 与酒瓶子对象的材质 ID 相对应。

【操作步骤】

1．为酒瓶模型的子对象设置不同的材质 ID

（1）启动 3ds Max 9 应用程序之后，打开本书配套光盘上"场景"文件夹下的 5-7.max 文件，其场景中有一个制作好的酒瓶模型，如图 5-66 所示。

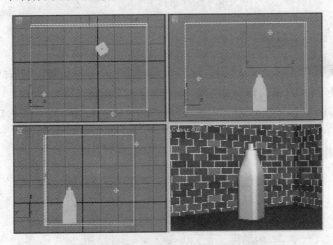

图 5-66　5-7.max 文件中的场景

（2）选择酒瓶后，打开"修改"命令面板，在"修改器列表"中选择"编辑网络"修改器，再单击▉按钮进入"多边形"子对象的编辑状态。在前视图中选择整个瓶体，然后在命令面板的"曲面属性"卷展栏的"材质"栏中，将"设置 ID"的值设置为"1"。

（3）参照图 5-67，在前视图中拖动鼠标选择瓶体最上面一段瓶盖位置的所有面，使之变成红色显示，然后在"曲面属性"卷展栏中将"设置 ID"的值设置为"2"。

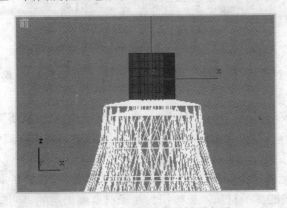

图 5-67　选择瓶盖位置的所有面

（4）参照图 5-68，选择瓶体下半部分的一段，然后在"曲面属性"卷展栏中将"设置 ID"的值设置为"3"。

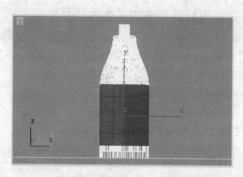

图 5-68　选择瓶体下半部分的一段

2. 编辑多维/子对象材质

（1）打开材质编辑器后，在材质编辑器中选择第 3 个示例球，然后单击水平工具栏中的 按钮，将第 3 个示例球的材质指定给场景中选定的酒瓶。

（2）在材质编辑器中单击水平工具栏右下方的"Standard"按钮，然后在弹出的"材质/贴图浏览器"窗口中双击"多维/子对象"，这时，材质编辑器中出现了"多维/子对象基本参数"卷展栏，如图 5-69 所示。

图 5-69　"多维/子对象基本参数"卷展栏

（3）在"多维/子对象基本参数"卷展栏中单击"设置数量"按钮，将材质数目设置为"3"。

（4）制作瓶身的玻璃材质。单击 ID 为 1 的一行右边的"子材质"长按钮，进入子材质编辑层。按照前面任务 17 中介绍的设置玻璃材质的方法，制作玻璃材质。渲染 Camera01 视图，效果如图 5-70 所示。

（5）制作瓶盖的金属材质。单击 按钮返回到"多维/子对象基本参数"卷展栏后，单击 ID 为 2 的一行右边的"子材质"长按钮。在子材质编辑层的"明暗器基本参数"卷展栏中，选择"金属"明暗器，将材质的漫反射颜色设置为暗黄色（红、绿、蓝分别为 205、

185、52），将高光级别设置为"100"，光泽度设置为"70"。最后再设置反射贴图为"光线跟踪"，反射贴图的"数量"值为"60"。渲染 Camera01 视图，效果如图 5-71 所示。

图 5-70 多维/子对象材质效果（一）   图 5-71 多维/子对象材质效果（二）

（6）制作酒瓶商标的材质。再次单击 ![]按钮回到"多维/子对象基本参数"卷展栏，单击 ID 为 3 的一行右边的"子材质"长按钮。在子材质编辑层中，设置漫反射贴图为"位图"，并使用本书配套光盘上的图形文件"任务相关文档\素材\酒商标.jpg"。

（7）渲染 Camera01 视图，此时会出现一个"缺少贴图坐标"对话框，说明需要为酒瓶设置贴图坐标。

3．设置贴图坐标

（1）在视图中选择酒瓶后，在"修改"面板中的"修改器列表"中选择"UVW 贴图"修改器，并选择"参数"卷展栏中的"柱形"贴图方式。

（2）在命令面板的修改器堆栈中，单击"UVW 贴图"修改器前的"＋"按钮，选中子对象 Gizmo，此时桔黄色的线框呈黄色显示。在左视图中，将 Gizmo 线框逆时针旋转90°，再在顶视图中将 Gizmo 线框的大小缩放到和瓶体相当，最后在前视图中将 Gizmo 线框的高度缩小到和 ID 为 3 的面相当，并将其移动到适当位置。调整后的 Gizmo 线框如图 5-72 所示。

图 5-72 调整后的 Gizmo 线框

（3）重新渲染 Camera01 视图，效果如图 5-73 所示。

图 5-73   多维/子对象材质效果（三）

5.7.2   多维/子对象材质的有关参数

在多维/子对象材质的设置中，各子材质的 ID 是与模型子对象的 ID 相对应的，所以在使用多维/子对象材质的同时，一般都会通过"编辑网络"等修改器为物体的不同子对象指定不同的 ID。

"多维/子对象基本参数"卷展栏的主要参数如下：

- 设置数量：单击该按钮后可在弹出的对话框中设置子材质的数量。
- 添加：在已设置了材质数目的基础上再增加一个子材质。
- 删除：删除一个子材质。
- ID：该列可以为每个子材质定义一个序号。
- 名称：为子材质定义名字。
- 子材质：设置对应的子材质类型。
- 启用/禁用：控制子材质是否有效。选中为有效，否则为无效。

5.8   上机实战

5.8.1   制作水面和礁石材质

【项目内容】

本书配套光盘"场景"文件夹中的 5-8.max 文件场景内提供了水面及礁石等模型。参照本书配套光盘上"实战"文件夹中的文件"实战 5-1.jpg"，制作波光粼粼的水面材质和礁石材质。其渲染效果如图 5-74 所示。

图 5-74　水面和礁石

【训练重点】

（1）凹凸贴图、反射贴图和漫反射贴图的设置。

（2）程序贴图的应用。

（3）环境贴图的设置。

【操作提示】

（1）启动 3DS MAS 9 应用程序之后，打开本书配套光盘上"场景"文件夹中的文件 5-8.max，其中 Camera01 视图的渲染效果如图 5-75 所示。

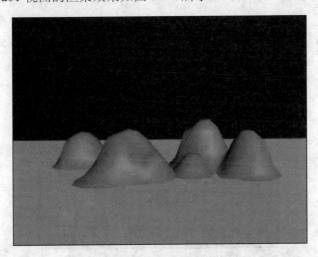

图 5-75　设置材质之前的渲染效果

（2）设置水面材质。选定场景中的水面模型，然后打开材质编辑器，确定第一个示例球被选定。将漫反射颜色设置为暗绿色，设置反射贴图为"平面镜"，并将反射贴图的"数量"值设置为"20"。再设置凹凸贴图为"波浪"，参照图 5-76 设置波浪参数。最后将编辑好的材质指定给水面。

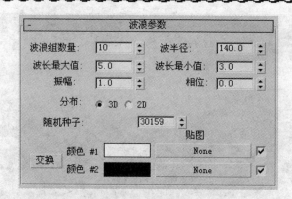

图 5-76   设置波浪参数

（3）设置礁石材质。在材质编辑器中选定第二个示例球。设置凹凸贴图为"噪波"，在"噪波参数"卷展栏中，将"大小"设置为"5"，再将凹凸贴图的"数量"设置为"100"。然后将本书配套光盘上的文件"材质\石材\石材 56.jpg"设置为漫反射贴图。最后将编辑好的材质指定给场景中的礁石。

（4）设置渲染背景。执行"渲染→环境"菜单命令，将本书配套光盘上的文件"材质\背景\Sky04.jpg"设置为渲染背景。

5.8.2   花边盘子

【项目内容】

本书配套光盘"场景"文件夹中的 5-9.max 文件场景内提供了一个盘子模型。参照本书配套光盘上"实战"文件夹中的文件"实战 5-2.jpg"，给盘子赋予两种不同的材质，其中盘子边沿为青花贴图，其余部分为白色，整个盘子为陶瓷质感。其渲染效果如图 5-77 所示。

图 5-77   花边盘子

【训练重点】

（1）漫反射贴图的使用。

（2）多维/子对象复合材质的应用。

【操作提示】

（1）启动 3ds Max 9 应用程序之后，打开本书配套光盘上"场景"文件夹中的文件 5-9.max，其中 Camera01 视图的渲染效果如图 5-78 所示。

图 5-78　设置材质之前的盘子效果

（2）为盘子的子对象设置不同的材质 ID。在视图中选择盘子后，打开"修改"面板，在修改器堆栈中展开"可编辑网络"，然后选择"多边形"。选择整个盘子的多边形，在命令面板中将其材质 ID 设置为"1"，再参照图 5-79，在前视图中选择盘子边沿的多边形，再将其材质 ID 设置为"2"。

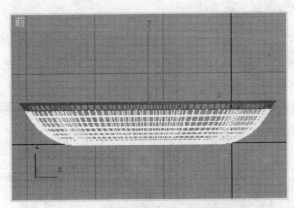

图 5-79　选择盘子边沿的多边形

（3）编辑多维/子对象材质。打开材质编辑器，单击水平工具栏右下方的"Standard"按钮，然后在弹出的"材质/贴图浏览器"窗口中双击"多维/子对象"。编辑 ID 为 1 的子材质，将其漫反射颜色设置为白色，并调整反射高光，使其呈现陶瓷质感。编辑 ID 为 2 的子材质，设置漫反射贴图为本书配套光盘上的文件"材质\青花\青花 11.GIF"。将编辑好的材质指定给盘子。

（4）设置贴图坐标。确定盘子被选定，在"修改器列表"中选择"UVW 贴图"修改器，在"参数"卷展栏中设置"柱形"贴图，并适当设置"U 向平铺"和"V 向平铺"参数。

习题与训练

一、填空题

1．3ds Max 9 中材质和贴图的编辑是通过＿＿＿＿＿＿＿＿＿＿＿＿＿窗口来实现的。

2．按快捷键＿＿＿＿＿＿＿可打开材质编辑器。

3．材质的颜色包括环境光、＿＿＿＿＿＿＿＿、＿＿＿＿＿＿＿＿3 个部分的颜色信息，其中，起决定作用的是＿＿＿＿＿＿＿颜色。

4．制作透明材质时，应修改"Blinn 基本参数"卷展栏中的＿＿＿＿参数。

5．贴图材质的来源主要有＿＿＿＿＿＿和＿＿＿＿＿＿两种。

6．可以在材质编辑器中的＿＿＿＿＿＿＿＿＿卷展栏中设置贴图坐标，也可以使用＿＿＿＿＿＿＿修改器。

7．常用的贴图方式有＿＿＿＿＿＿、＿＿＿＿＿＿、＿＿＿＿＿＿和＿＿＿＿＿＿。

二、简答题

1．简述材质编辑器的功能。

2．简述制作漫反射贴图材质的方法。

3．简述制作多维/子对象复合材质的方法。

4．简述制作凹凸贴图材质的方法。

三、上机操作

在本书配套光盘"场景"文件夹的 5-10.max 文件提供的卧室场景中，分别为地板、床、床罩、灯罩等模型制作各具特色的材质，并将材质赋予场景中的各个模型。具体效果请参见本书配套光盘上"实战"文件夹中的文件"实战 5-3.jpg"，其渲染效果如图 5-80 所示。

图 5-80　卧室效果图

第6章 灯 光

【内容导读】

灯光是 3ds Max 9 中照亮场景的光源，除了基本的照明作用之外，灯光还对烘托场景的整体气氛起着非常重要的作用。在 3ds Max 9 中，灵活运用各类灯光可以准确而生动地表现出场景所处的地理环境和时间环境，例如，月光、不同时间的太阳光、室内光源等。3ds Max 9 还能制作多种光影特效，使场景更加富有感染力。

本章重点通过两个应用灯光的任务，介绍在 3ds Max 9 中创建灯光的方法、各类灯光的特点、常用灯光参数的设置，以及运用体积光制作特殊光效的方法。

【知识要点】

1. 3ds Max 9 的灯光类型。
2. 灯光的创建方法。
3. 常用灯光参数。
4. 基本布光技巧。
5. 体积光的使用。

【任务一览】

任务 20：室内台灯光效——使用聚光灯和泛光灯
任务 21：放映机的锥形光束——使用体积光

6.1 任务 20：室内台灯光效果——使用聚光灯和泛光灯

6.1.1 任务实施

【任务目标】

1. 了解 3ds Max 9 中的灯光类型，以及各类灯光的特点。
2. 掌握各类灯光的创建方法，能够灵活调整聚光灯的照射方向和角度。
3. 掌握灯光的常用参数。

4. 能根据场景的具体情况，灵活地运用和设置灯光。

【任务内容】

在前面 2.4.2 节的上机实战中，曾创建过一个书房场景，本任务将给这个书房场景中的台灯加上灯光效果。具体效果请参见本书配套光盘上"任务相关文档"文件夹中的文件"任务 20.max"，其渲染效果如图 6-1 所示。

通过本任务的操作，介绍聚光灯和泛光灯的创建方法，以及灯光常用参数的基本设置方法。

图 6-1　台灯照明效果

【制作思路】

场景中的主光源是台灯的灯光，这种灯光可以用能够产生锥形光束的聚光灯来实现，同时在场景中创建泛光灯，使用产生散射光线的泛光灯来作为辅光。

【操作步骤】

1.创建和设置聚光灯

（1）启动 3ds Max 9 应用程序之后，打开本书配套光盘上"场景"文件夹中的文件 6-1.max。渲染其中的 Camera01 视图，设置灯光之前的效果如图 6-2 所示。

注意，由于系统提供了默认的光源，所以，虽然此时还没有创建任何灯光，但场景仍然可以被系统的默认光源照亮。这里，我们想要得到台灯的锥形光束照射效果，就需要在台灯的位置创建一个聚光灯。

（2）创建目标聚光灯。在"创建"命令面板中单击 按钮，打开"创建/灯光"命令面板。

（3）在命令面板的"对象类型"卷展栏中，单击"目标聚光灯"按钮，使该按钮变成黄色激活状态。

图 6-2　设置灯光之前的渲染效果

（4）把光标移到前视图中的台灯灯罩位置，此时光标为"十"字形状。按下鼠标左键后，向下拖动鼠标，以确定聚光灯的目标点。最后，在桌面的位置放开鼠标左键，使创建好的聚光灯在前视图中的位置和方向如图 6-3 所示。

创建了聚光灯之后，Camera01 视图中的场景反而变暗了，这是因为一旦自己创建了灯光，那么系统的默认光源将自动关闭。

（5）调整聚光灯的位置。从顶视图和左视图中可以看出，聚光灯距台灯还有一定的距离。单击工具栏中的 ✛ 按钮，在左视图中单击聚光灯光源与聚光灯目标点之间的连线，这样即可同时选定聚光灯的光源与目标点，然后在左视图中将聚光灯移到台灯的位置，如图 6-4 所示。

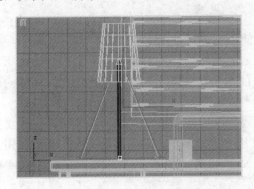

图 6-3　聚光灯在前视图中的位置和方向

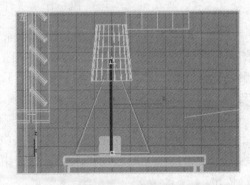

图 6-4　聚光灯在左视图中的位置

（6）渲染 Camera01 视图，可以看到聚光灯的锥形光线在桌面上投下了边缘清晰的光照区域，如图 6-5 所示。

（7）调整聚光灯锥形光线的照射范围。在视图中选定聚光灯的光源，打开"修改"命令面板，在"聚光灯参数"卷展栏中，将"聚光区/光束"的值设置为"40"，将"衰减区/区域"的值设置为"130"。从前视图和左视图中可以看出，聚光灯符号中的深蓝色线框和浅蓝色线框分离开了，如图 6-6 所示，其中，浅蓝色线框表示聚光灯的聚光区，深蓝色线框表示聚光灯的衰减区。再次渲染 Camera01 视图，可以看到聚光灯光照区域的边界变得非常柔和自然了，如图 6-7 所示。

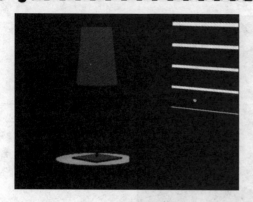

图 6-5　聚光灯的照射效果（一）

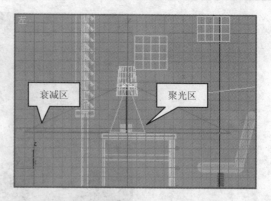

图 6-6　聚光灯的聚光区和衰减区

图 6-7　聚光灯的照射效果（二）

（8）打开聚光灯的阴影选项。在命令面板的"常规参数"卷展栏中，勾选"阴影"栏中的"启用"复选框。渲染 Camera01 视图，这时虽然笔筒等对象在桌面上投下了阴影，但聚光灯在灯罩的遮挡下，光线效果变得不太自然。下面将灯罩等对象排除在聚光灯的影响之外。

（9）设置聚光灯的排除对象。在"常规参数"卷展栏中单击"排除"按钮，打开"排除/包含"对话框，在左边的场景对象列表中，选择"灯杆"和"灯罩"，再单击 » 按钮，使这两个对象出现在右边的排除对象列表中，如图 6-8 所示。最后单击对话框中的"确定"按钮。

 提示：

在"排除/包含"对话框的右上方有两个单选项，其中"包含"表示灯光是否包含右边列表中的对象，"排除"表示灯光是否排除右边列表中的对象。默认的选项为"排除"。

（10）再次渲染 Camera01 视图，效果如图 6-9 所示。

2．创建和设置泛光灯

（1）打开"创建/灯光"命令面板，单击"泛光灯"按钮，将光标移到视图内单击鼠标左键创建泛光灯。然后，单击工具栏中的 ✛ 按钮，参照图 6-10，在视图中调整泛光灯的位置。

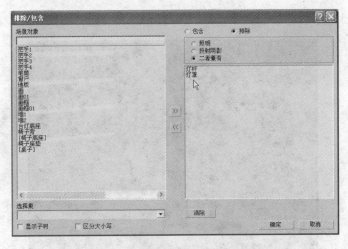

图 6-8　选择聚光灯的排除对象

图 6-9　聚光灯的照射效果（三）

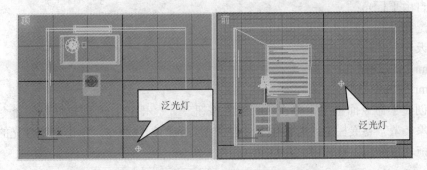

图 6-10　泛光灯在场景中的位置

　　（2）渲染 Camera01 视图，这时整个场景都变得非常明亮。下面，我们要降低作为辅光的泛光灯的亮度，以突出台灯的照明效果。

　　（3）设置泛光灯的亮度。确认泛光灯被选择，打开"修改"命令面板，在"强度/颜色/衰减"卷展栏中，将"倍增"参数的值由原来的"1"设置为"0.4"。再次渲染 Camera01 视图，效果如图 6-11 所示。

图 6-11　设置泛光灯后的照明效果

 提示：

所有的灯光都有"倍增"参数，当场景中创建了两个以上的灯光时，通常应根据各个灯光的作用将其"倍增"参数设置为不同的值，这样，场景中的灯光效果才能呈现出丰富的层次感。

6.1.2　3ds Max 9 的灯光类型

3ds Max 9 提供了 8 种类型的灯光，它们是：
（1）目标聚光灯；
（2）自由聚光灯；
（3）目标平行光；
（4）自由平行光；
（5）泛光灯；
（6）天光；
（7）mr 区域泛光灯；
（8）mr 区域聚光灯。

在"创建"命令面板中，单击"灯光"按钮 ，即可打开创建灯光的命令面板。其中的"对象类型"卷展栏中，即提供了 8 种类型灯光的创建命令。单击创建灯光的命令后，在视图中拖动或单击鼠标即可创建灯光。

1. 聚光灯

聚光灯是有方向的光源，以光锥的形式发出光线，类似于日常生活中的探照灯或手电筒。3ds Max 9 提供了两种类型的聚光灯，即目标聚光灯和自由聚光灯。其中，目标聚光灯由光源点和目标点组成，光锥顶部的圆锥图标代表光源点，另一端的小方块图标则代表目标点。可以分别对光源点和目标点进行移动和旋转等操作，但无论光源和目标点怎样运动，同一个目标聚光灯中的光源总是照向目标点的。目标聚光灯常被用来作为提供基本照明的主灯。

自由聚光灯类似于目标聚光灯，其光线仍是来自一点，并沿着锥形延伸。与目标聚光灯不同的是，自由聚光灯没有目标点。在实际应用中，自由聚光灯可以用做一些垂直或水平方向上的直射灯效果。

2．平行光

平行光也是有方向的光源。与聚光灯不同的是，平行光发出的不是光锥，而是一束平行光线。如图 6-12 所示，相互平行的立柱在聚光灯的照射下产生的阴影呈锥形，而在图 6-13 中，立柱在平行光的照射下产生的是相互平行的阴影。

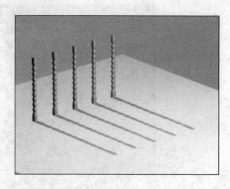

图 6-12　聚光灯产生的锥形阴影　　　　　图 6-13　平行光产生的平行阴影

3DS MAX 提供了两种类型的平行光，即目标平行光和自由平行光。其中，目标平行光包含光源点和目标点，而自由平行光则没有目标点。在实际应用中，平行光常用来模拟户外太阳光的光照效果。

3．泛光灯

泛光灯是一种点光源，发出的光线向四周散射，它就如我们平常见到的没有灯罩的电灯泡，散发出扩散的光。在实际应用中，泛光灯通常被用来作为提供均匀照明的辅助灯。

4．天光

天光是一种圆顶的光源，常用做产生较高亮度的日光。天光还可以形成非常柔和的阴影效果。

5．mr 区域泛光灯

mr 区域泛光灯的基本参数与泛光灯相同，只是增加了设置区域灯光参数的卷展栏，可在其中设置灯光区域的类型。

6．mr 区域聚光灯

mr 区域聚光灯的参数设置与目标聚光灯基本相同，只是增加了设置区域灯光参数的卷展栏。

6.1.3　系统默认光源

在 3ds Max 9 中，即使没有创建任何光源，场景也一样能够被照亮。这是因为 3ds Max 9 提供了默认的照明，其目的是为了让我们在创建场景的过程中，能够看清场景中的物体。一旦用户自己在场景中创建了灯光，那么系统的默认灯光就将被自动关闭。而当场景中所有创建的灯光被删除后，默认的灯光又将自动恢复。

在 3ds Max 9 中，可以设置系统默认的灯光为一个或是两个，操作方法如下：

（1）执行"自定义→视口配置"菜单命令，弹出"视口配置"对话框，再在对话框中打开"渲染方法"选项卡，如图 6-14 所示。

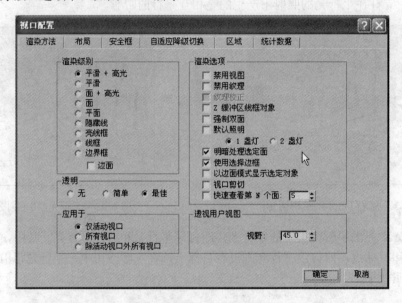

图 6-14　"视口配置"对话框

（2）在对话框的"渲染选项"栏中，若选择"默认照明"下面的"1 盏灯"选项，则表示系统使用一个默认灯光；选择"2 盏灯"选项，则表示系统使用两个默认灯光。

6.1.4　灯光的常用参数

灯光的参数设置灵活多变。通过参数设置，可以调整灯光的色彩、亮度以及阴影效果等。除了"天光"，其余 7 种灯光的参数基本一致。下面重点介绍其中的一些常用参数。

1. "常规参数"卷展栏

"常规参数"卷展栏用于设置灯光的一般属性，包括灯光及阴影效果的开启、对象的排除等，如图 6-15 所示。

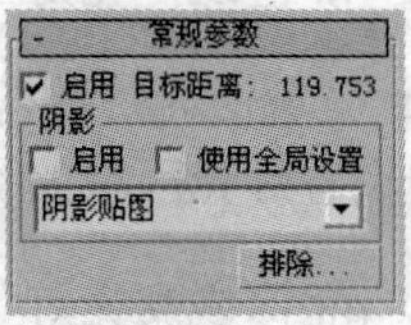

"常规参数"卷展栏的主要参数如下：

● 启用：打开和关闭灯光。

图 6-15　"常规参数"卷展栏

当"启用"复选框被选择时，灯光即被打开，反之，取消对"启用"复选框的选择后，灯光即被关闭。被关闭的灯光在视图中以黑色图标显示。

- 阴影：其中的"启用"复选框用于打开和关闭阴影。"启用"复选框下面的阴影类型下拉列表中，提供了高级光线追踪、mental ray 阴影贴图、区域阴影、阴影贴图、光线跟踪阴影 5 种阴影类型。

阴影贴图是默认的阴影类型，能够产生较柔和的阴影效果，并且渲染速度较快，缺点是不能反映物体的透明效果。如图 6-16 的左图所示，虽然玻璃球具有透明质感，但其阴影却没有反映出透明效果。

光线跟踪阴影则可以产生能够反映材质透明属性的真实的阴影效果，但选择该类型的阴影将降低渲染速度。如图 6-16 的右图所示，光线跟踪阴影把玻璃球的透明质感真实地反映了出来。

阴影贴图的阴影效果　　　　　　　　光线跟踪阴影的阴影效果

图 6-16　不同阴影类型产生的阴影效果

- 排除：设置灯光是否照射某个对象。

2. "强度/颜色/衰减"卷展栏

"强度/颜色/衰减"卷展栏用于设置灯光的强度、灯光的颜色和衰减效果，如图 6-17 所示。

"强度/颜色/衰减"卷展栏的主要参数如下：

- 倍增：设置系统设定的光源本身亮度的倍增值。通过调整倍增值可以使灯光变暗或变亮，该值小于 1 时将减小亮度，该值大于 1 时将增大亮度。

灯光的默认颜色为白色，单击"倍增"右边的颜色块，可在弹出的颜色选择对话框中设置灯光的颜色。

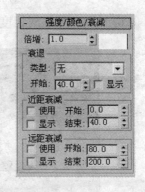

图 6-17　"强度/颜色/衰减"卷展栏

- 衰退：设置衰退类型。
- 近距衰减：用于设置灯光从照明开始处到照明达到最亮处之间的距离。选择该栏中的"使用"复选框后，即可产生近距衰减效果。
- 远距衰减：用于设置灯光从照明开始处到完全没有照明处之间的距离。选择该栏中的"使用"复选框后，即可产生远距衰减效果。

灯光衰减示意图如图 6-18 所示。

在现实生活中，光线穿过空气时会自动产生衰减现象，所以，离光源越近，光线就越强烈，随着与光源距离的增大，光线就越来越弱。而在 3ds Max 9 中，灯光的照射强度与距离是没有关系的，如果想产生真实的有距离感的光照效果，就可通过设置灯光的衰减参数来实现。

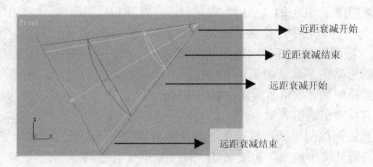

近距衰减开始

近距衰减结束

远距衰减开始

远距衰减结束

图 6-18　灯光衰减示意图

3."高级效果"卷展栏

"高级效果"卷展栏用于设置灯光照射在物体表面上的明暗对比度，以及一些照射表面特效，如图 6-19 所示。

图 6-19　"高级效果"卷展栏

"高级效果"卷展栏的主要参数如下：

● 影响曲面：设置灯光照射物体表面时的相关参数。其中的"对比度"参数表示当光源照射在物体表面时，所形成的受光面和阴暗面的对比强度，该参数可以用来制作刺眼的灯光效果。"柔化漫反射边"参数用于设置光源照射在物体表面时光线的柔和程度。

图 6-20 显示了"对比度"值分别为"0"和"80"时的聚光灯照射效果。

对比度=0

对比度=80

图 6-20　"对比度"参数对灯光照射效果的影响

● 投影贴图：可设置沿着灯光的照射方向投影出指定图像，单击其中的"无"按钮即可选择想要投影的贴图。投影贴图的效果如图 6-21 所示。

4."阴影参数"卷展栏

"阴影参数"卷展栏用于设置灯光所投射的阴影效果，如图 6-22 所示。

"阴影参数"卷展栏的主要参数如下：

● 颜色：该选项用于设置阴影的颜色。默认的颜色是黑色，单击"颜色"右边的颜色块即可打开"颜色选择器"对话框，可以在对话框中将阴影设置成任何颜色。

图 6-21 聚光灯产生的投影贴图

图 6-22 "阴影参数"卷展栏

- 密度：该数值框用于调整阴影颜色的浓度。当"密度"为"0"时，不产生阴影；当"密度"取正值时，值越大颜色越浓；当"密度"取负值时，产生的阴影颜色与设置的阴影颜色相反。
- 贴图：该选项用于设置图形效果的阴影，单击"贴图"右边的"None"按钮，即可在弹出的"材质/贴图浏览器"中指定位图。如图 6-23 所示，贴图阴影使玻璃茶壶的透明效果更加逼真。
- 灯光影响阴影颜色：选择该复选框后，将使阴影的颜色显示为灯光颜色和阴影颜色的混合效果。

5. "阴影贴图参数"卷展栏

"阴影贴图参数"卷展栏通过设置阴影与物体的位置关系等参数，来产生形象逼真的阴影效果，如图 6-24 所示。

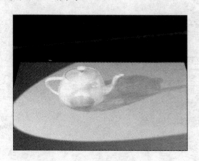

图 6-23 贴图阴影

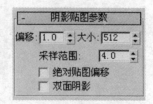

图 6-24 "阴影贴图参数"卷展栏

"阴影贴图参数"卷展栏的主要参数如下：

- 偏移：用于设置物体与阴影之间的距离。"偏移"值越大，阴影离物体的距离就越远。图 6-25 显示了"偏移"值分别为"1"和"20"时的阴影效果。
- 大小：设置阴影贴图的大小。
- 采样范围：设置阴影边缘的模糊程度，"采样范围"的值越大，阴影就越模糊。图 6-26 显示了"采样范围"分别为"2"和"18"时的阴影效果。

6. 光域

聚光灯和平行光还有一个参数相同的卷展栏，即聚光灯的"聚光灯参数"卷展栏与平行光的"平行光参数"卷展栏。"聚光灯参数"卷展栏如图 6-27 所示，可在其中设置灯光区域大小、衰减区大小、光源区域的形状等参数。

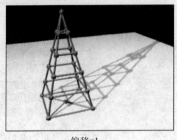
偏移=1

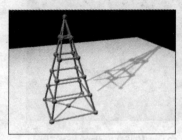
偏移=20

图 6-25　"偏移"参数对阴影效果的影响

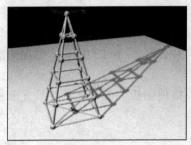
采样范围=2

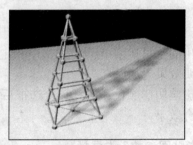
采样范围=18

图 6-26　"采样范围"参数对阴影效果的影响

图 6-27　"聚光灯参数"卷展栏

"聚光灯参数"卷展栏的主要参数如下：

- 显示光锥：选择该复选框后，聚光灯在各个视图中将以能够表示光照范围的锥形框显示。
- 泛光化：选择该复选框后，将使聚光灯变成点光源，就像取下灯罩的灯泡，灯光将向四周散射。激活"泛光化"选项后，聚光灯的投影边界将会消失，整个场景都被照亮。
- 聚光区/光束：该数值框用于设置灯光照射范围内光线最强的区域的大小。
- 衰减区/区域：该数值框用于设置聚光区以外光线从强到弱的区域的大小。

聚光灯和平行光投影边界是清晰还是柔和，取决于"聚光区"和"衰减区"两个参数的大小。当这两个参数值非常接近时，聚光灯或平行光投影边界就会很清晰；而这两个参数值相差较大时，聚光灯或平行光投影边界就会变得柔和，如图 6-28 所示。

 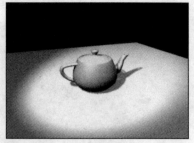

聚光区=43，衰减区=45   聚光区=38，衰减区=60

图 6-28   "聚光区"和"衰减区"对投影边界的影响

● 圆和矩形：这一组单选钮用于设置聚光灯照射区域的形状是呈圆形还是呈矩形。默认的情况下，聚光灯的照射区域呈"圆形"。当选择"矩形"选项后，聚光灯的照射区域就变成了"矩形"，如图 6-29 所示。

图 6-29   选择"矩形"选项后聚光灯的照射效果

6.1.5   常用布光法

灯光的布置对三维场景的最后渲染效果有较大的影响，好的灯光设计使整个场景更具感染力，更为真实可信。初学者在布置灯光时常常喜欢创建很多个光源，以使场景显得明亮。但是，过多的光源会使光线无序，同时也会影响渲染速度。实际上，只要合理安排光源的位置，即使是少量的光源也会产生很好的光照效果。

最传统也是最易掌握的一种布光法是三角形布光法，即在场景中布置主灯、辅助灯和背灯 3 个灯，这 3 个灯的位置一般排列成三角形，如图 6-30 所示。

（1）主灯。主灯提供场景的主要照明，用来照亮大部分的场景和场景中对象的主要部分，也是产生阴影的主要光源。主灯常与摄像机设置为同一个角度。

（2）辅助灯。辅助灯位于主灯的另一侧，用来照射主灯没有照射到的黑暗区域，以减小场景中光照的反差，使光的过渡更为自然。辅助灯的亮度低于主灯，一般为主灯亮度的一半左右。

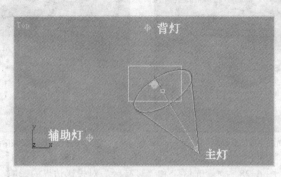

图 6-30　三角形布光法

（3）背灯。背灯常放置在场景主体的后上方，它的亮度也应小于主灯。背灯用来加强目标造型的轮廓，同时也增加场景的纵深感。

6.2　任务 21：放映机的锥形光束——使用体积光

6.2.1　任务实施

【任务目标】

理解体积光的特点，掌握体积光的设置方法。

【任务内容】

本任务将利用能够产生光晕的体积光，使电影放映机产生可见的锥形光束。具体效果请参见本书配套光盘上"任务相关文档"文件夹中的文件"任务 21.max"，其渲染效果如图 6-31 所示。

图 6-31　放映机的锥形光束

通过本任务的实作，介绍体积光的作用及其实现方法。

【制作思路】

首先在放映机的位置创建一个聚光灯，并使用投影贴图使聚光灯在幕布上投下一幅图片。然后对聚光灯应用体积光，使聚光灯产生可见的锥形光束。

【操作步骤】

1. 创建灯光

（1）启动 3ds Max 9 应用程序之后，打开本书配套光盘上"场景"文件夹中的文件 6-2.max。该文件提供的场景如图 6-32 所示。

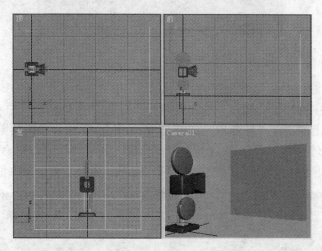

图 6-32 6-2.max 文件中的场景

（2）创建聚光灯。打开"创建/灯光"命令面板，单击"目标聚光灯"命令，在放映机的位置创建一个目标聚光灯。参照图 6-33，调整聚光灯的照射角度，使之照射到幕布上。

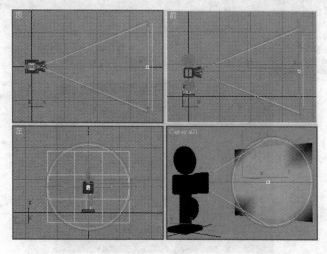

图 6-33 创建聚光灯

（3）调整聚光灯的参数。选定聚光灯的光源点，然后打开"修改"面板，在"常规参数"的"阴影"栏中，勾选"启用"复选框。再在"聚光灯参数"卷展栏中，勾选"矩形"复选框，并将"聚光区"设置为"30"，将"衰减区"设置为"32"。效果如图 6-34 所示。

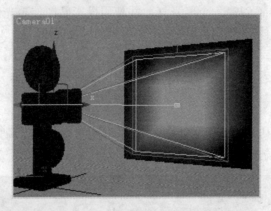

图 6-34　聚光灯的照射范围

（4）设置投影贴图。确定聚光灯光源被选定，在命令面板的"高级效果"卷展栏中，单击"投影贴图"中的"无"按钮，再在打开的"材质/贴图浏览器"中双击"位图"，然后选择本书配套光盘上的文件"任务相关文档\素材\老虎.jpg"作为投影贴图。

（5）创建泛光灯。打开"创建/灯光"命令面板，使用"泛光灯"命令，在场景中创建一个泛光灯，并参照图 6-35，调整泛光灯的位置。将泛光灯的"倍增"值设置为"0.4"。

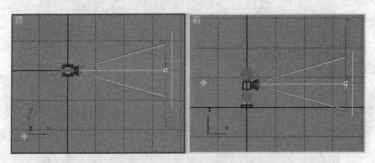

图 6-35　创建泛光灯

（6）渲染 Camera01 视图，效果如图 6-36 所示。

图 6-36　设置体积光之前的灯光效果

2. 给聚灯光添加体积光

（1）确认聚光灯的光源点被选定，在"大气和效果"卷展栏中，单击"添加"按钮，弹出如图 6-37 所示的"添加大气或效果"对话框。

（2）在对话框中选择"体积光"，然后单击"确定"按钮。

（3）渲染 Camera01 视图，效果如图 6-38 所示，可以看到聚光灯的锥形光晕。

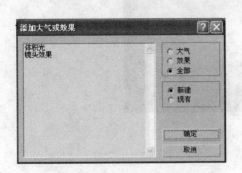

图 6-37 "添加大气或效果"对话框　　　图 6-38 为聚光灯添加体积光之后的效果

3. 调整体积光的参数

（1）调整体积光的密度。在"大气和效果"卷展栏中，选择"体积光"，然后单击"设置"按钮打开"环境和效果"对话框。对话框中的"体积光参数"卷展栏如图 6-39 所示，可在其中设置体积光的有关参数。

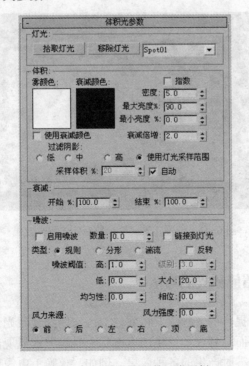

图 6-39 "体积光参数"卷展栏

（2）在"体积光参数"卷展栏中，将"密度"参数的值设置为"2"。渲染 Camera01 视图，可以看出聚光灯发射出的光锥变得透明了一些，如图 6-40 所示。

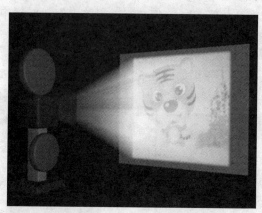

图 6-40　减小体积光密度的效果

💡提示：

设置了体积光之后，只有渲染透视图或摄像机视图，才能渲染出体积光效果，而渲染正视图（如顶视图、前视图、左视图等）和用户视图，则不能渲染出体积光效果。设置了体积光之后，会明显降低画面的渲染速度。

"体积光参数"卷展栏中的"噪波"是一个有趣的参数，使用它可以在体积光中产生团状光斑的效果，如图 6-41 所示。

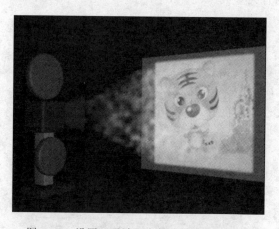

图 6-41　设置"噪波"参数后的体积光效果

6.2.2　另一种设置体积光的方法

体积光是 3ds Max 9 提供的一种大气特效之一，它能够使聚光灯、泛光灯和方向灯不仅仅起到照亮场景的作用，而且灯光本身也能以雾状光晕的形式显现出来。通常，可以用体积光来模拟光线穿过尘埃或雾时产生的各种效果。例如，夜晚手电筒或探照灯产生的光柱、光芒透过缝隙等。

任务 21 中，设置体积光是在"修改"命令面板的"大气和效果"卷展栏中进行的。除此之外，还可以执行"渲染→环境"菜单命令来设置体积光。具体操作步骤如下：

（1）在视图中创建了灯光（可以是聚光灯，也可以是泛光灯或平行光）之后，执行"渲染→环境"菜单命令，弹出"环境和效果"对话框，其中的"大气"卷展栏如图 6-42 所示。

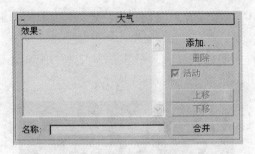

图 6-42 "大气"卷展栏

（2）单击"大气"卷展栏中的"添加"按钮，弹出"添加大气效果"对话框，如图 6-43 所示，在列表栏中选择"体积光"后，单击"确定"按钮。这时，在"大气"卷展栏的"效果"列表中，即显示出已添加的"体积光"，同时，在"大气"卷展栏的下方，增加了一个"体积光参数"卷展栏。

图 6-43 "添加大气效果"对话框

（3）在"体积光参数"卷展栏中，单击"灯光"栏中的"拾取灯光"按钮，然后将光标移到视图中，单击想要应用体积光的灯光即可。

（4）在"体积光参数"卷展栏中，根据需要设置体积光的相关参数，最后关闭"环境和效果"对话框。

 提示：

在"体积光参数"卷展栏中，单击"移除灯光"按钮，即可取消应用于某个灯光的体积光效果。

6.3　上机实战

6.3.1　路灯的照明效果

【项目内容】

为场景中的路灯设置照明效果（具体效果请参见本书配套光盘上"实战"文件夹中的文件"实战 6-1.jpg"），其渲染效果如图 6-44 所示。

图 6-44　路灯的照明效果

【训练重点】

（1）创建聚光灯和泛光灯。
（2）调整聚光灯的照射角度和泛光灯的位置。
（3）设置聚光灯的聚光区和衰减区。
（4）设置作为辅助照明的泛光灯的亮度。

【操作提示】

（1）启动 3ds Max 9 应用程序之后，打开本书配套光盘上"场景"文件夹中的文件 6-3.max。该文件提供的场景如图 6-45 所示。

图 6-45　设置灯光效果之前的场景

（2）打开"创建/灯光"命令面板，单击目标聚光灯按钮，在视图中创建一个目标聚光灯，并将其位置调整至路灯处，如图6-46所示。

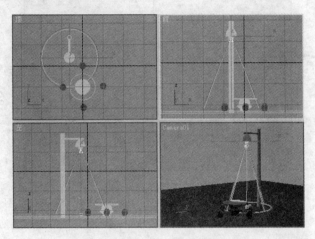

图6-46 聚光灯的位置

（3）设置聚光灯参数。确认聚光灯的光源被选择，打开"修改"命令面板，在"聚光灯参数"卷展栏中，选择"显示光锥"复选框，使表示聚光灯聚光区和衰减区的锥形线框显示出来。再在"聚光灯参数"卷展栏中，将"聚光区"的值设置为"30"，将"衰减区"的值设置为"100"。在"常规参数"卷展栏中，勾选"阴影"栏中的"启用"复选框。

（4）创建泛光灯。打开"创建/灯光"命令面板，单击"泛光灯"按钮，在视图中创建一个作为辅助照明的泛光灯，其位置如图6-47所示。

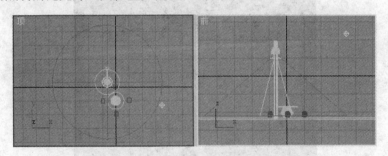

图6-47 泛光灯的位置

（5）确认泛光灯被选择，打开"修改"命令面板，在"强度/颜色/衰减"卷展栏中，将"倍增"参数的值设置为"0.3"。

6.3.2 室内照明效果

【项目内容】

"场景"文件夹的 6-4.max 文件中，提供了一个简单的室内场景，这里，要求通过创建灯光为室内场景设置照明效果（具体效果请参见本书配套光盘上"实战"文件夹中的文件"实战 6-2.jpg"），其渲染效果如图6-48所示。

图 6-48　室内照明效果

【训练重点】

（1）创建聚光灯和泛光灯。
（2）设置聚光灯和泛光灯的参数。

【操作提示】

（1）启动 3ds Max 9 应用程序之后，打开本书配套光盘上"场景"文件夹中的文件 6-4.max，渲染 Camera01 视图，创建灯光之前的室内场景如图 6-49 所示。

图 6-49　创建灯光之前的室内场景

（2）创建作为主光源的泛光灯。打开"创建/灯光"命令面板，单击"泛光灯"按钮，在吊灯的位置处创建一个泛光灯。在"常规参数"卷展栏中，启用阴影效果，并设置阴影类型为"光线跟踪阴影"。单击"排除"按钮，将"吊灯"和"吊顶"排除在该泛光灯之外。渲染 Camera01 视图，其效果如图 6-50 所示。可以看出，阴影显得太浓，下面通过调整阴影的密度，使阴影自然一些。

（3）调整阴影的密度。确认泛光灯被选定，在"阴影参数"卷展栏中，将"密度"值设置为"0.4"。再次渲染 Camera01 视图，效果如图 6-51 所示。

图 6-50 主光源的照明效果   图 6-51 调整阴影密度后的效果

（4）设置屋顶的照明效果。打开"创建/灯光"命令面板，单击"泛光灯"按钮，在刚才创建的泛光灯的下方再创建一个泛光灯。在"常规参数"卷展栏中，单击"排除"按钮，在弹出的对话框中设置该泛光灯只包含"吊顶"，并将其"倍增"值设置为"1.2"。渲染Camera01 视图，效果如图 6-52 所示。

图 6-52 屋顶的照明效果

（5）创建辅助光源。在如图 6-53 所示的位置创建第 3 个泛光灯，将其"倍增"值设置为"0.5"，并将 3 面墙排除在该泛光灯之外。渲染 Camera01 视图，效果如图 6-48 所示。

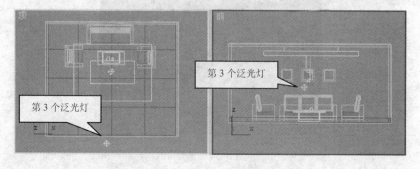

图 6-53 第 3 个泛光灯的位置

习题与训练

一、填空题

1．3ds Max 9 提供了 8 种类型的灯光，它们是：＿＿＿＿＿＿＿＿＿＿、＿＿＿＿＿＿＿＿＿＿、＿＿＿＿＿＿＿＿＿＿、＿＿＿＿＿＿＿＿＿＿、＿＿＿＿＿＿＿＿＿＿、＿＿＿＿＿＿＿＿＿＿、＿＿＿＿＿＿＿＿＿＿和＿＿＿＿＿＿＿＿＿＿。

2．创建灯光应在＿＿＿＿＿＿＿＿＿＿＿＿＿＿命令面板中进行。

3．如果想将某些对象排除在灯光之外，则应在＿＿＿＿＿＿＿＿＿＿＿＿＿卷展栏中，单击＿＿＿＿＿＿＿＿＿＿按钮。

4．在室内场景中，通常使用＿＿＿＿＿＿＿＿＿＿＿＿来作为主灯，使用＿＿＿＿＿＿＿＿＿来作为辅助灯。

5．如果想使灯光产生阴影效果，则应该在＿＿＿＿＿＿＿＿＿＿＿＿卷展栏中，选择"阴影"栏下的＿＿＿＿＿＿＿复选框。

6．＿＿＿＿＿＿＿＿＿＿＿＿＿卷展栏中的"贴图"选项，用于设置贴图效果的阴影。

二、简答题

1．简述创建聚光灯的操作步骤。
2．怎样改变灯光的颜色？
3．简述应用体积光的操作步骤。

三、上机操作

"场景"文件夹的 6-5.max 文件中，提供了一个油灯造型，要求为油灯添加有光晕的火焰效果。具体效果请参见本书配套光盘上"实战"文件夹中的文件"实战 6-3.jpg"，其渲染效果如图 6-54 所示。

图 6-54　油灯

第7章 摄像机

【内容导读】

摄像机是 3ds Max 9 中非常有用的工具，它就像人的眼睛一样，可以随意从不同的角度观察场景中的对象。创建摄像机之后可以将 4 个视图之一切换成摄像机视图（即 Camera 视图），通过改变摄像机的位置和拍摄角度，或是变换摄像机的镜头和视域，就能从摄像机视图中观察到来自于同一场景的各种不同效果的构图画面。

在动画制作中，摄像机更是起着至关重要的作用，画面的变化和场景的切换，都是通过摄像机来实现的。例如，场景漫游动画就离不开摄像机。

本章重点介绍 3ds Max 9 中摄像机的类型、建立方法及参数调整。

【知识要点】

1. 摄像机的类型。
2. 摄像机的建立和调整。
3. 常用摄像机参数。
4. 景深特效。

【任务一览】

任务 22：一个室内场景——使用摄像机取景
任务 23：制作茶具特写镜头——摄像机景深特效

7.1 任务 22：一个室内场景——使用摄像机取景

7.1.1 任务实施

【任务目标】

1. 了解 3ds Max 9 中摄像机的类型。
2. 掌握创建目标摄像机的方法，能够调整摄像机的观察视角。
3. 掌握摄像机的常用参数。

4. 了解摄像机视图控制按钮的功能。

【任务内容】

在一个室内场景中创建目标摄像机，并通过调整摄像机的位置和角度，形成室内场景的一个较佳拍摄画面，如图 7-1 所示。具体效果请参见本书配套光盘上"任务相关文档"文件夹中的文件"任务 22.max"。

图 7-1　摄像机拍摄的室内场景

【制作思路】

首先在场景中创建一个目标摄像机并打开摄像机视图，然后调整摄像机的位置和拍摄角度，通过摄像机视图获得最佳视觉效果。

【操作步骤】

1. 创建目标摄像机

（1）打开场景文件。启动 3ds Max 9 应用程序后，打开本书配套光盘上"场景"文件夹中的文件 7-1.max。该文件提供了一个客厅场景。

（2）建立目标摄像机。单击屏幕右边"创建"命令面板下方的 按钮，打开创建摄像机的命令面板。单击"对象类型"卷展栏中的"目标"命令按钮，使之变成黄色显示。

（3）把光标移到顶视图的右下角，此时，光标变成"十"字形状。按下鼠标左键后，向顶视图的中心处拖动鼠标，以确定摄像机的目标点，最后，在合适的位置放开鼠标左键，使创建好的目标摄像机在顶视图中的位置和方向如图 7-2 所示。

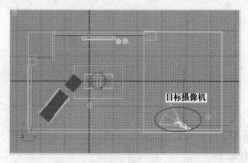

图 7-2　顶视图中建立的目标摄像机

注意观察视图中出现的目标摄像机的图形符号，其中，位于摄像机锥形图标顶端的是摄像机，另一端则是以小矩形框表示的目标点。摄像机与目标点之间以一条直线相连。

（4）单击透视图，再按【C】键，这时透视图即变成了摄像机视图。其左上角显示出的视图名称"Camera01"即为刚才创建的目标摄像机的名称。

从摄像机视图中可以看出，此时的摄像机拍摄的是地平面，拍摄的角度和位置都不合适。一般摄像机创建后都需要进行位置的调整。下面，通过摄像机和目标点，来调整摄像机的拍摄角度。

2．调整摄像机的位置

（1）单击工具栏中的 ✛ 按钮，在前视图或左视图中，选中摄像机和目标点之间的连线，然后向上移动，使摄像机和目标点同时向上移动。在移动摄像机的过程中，注意观察 Camera01 视图，当摄像机的位置发生变化时，摄像机视图中的画面也随着改变。

（2）确认工具栏中的 ✛ 按钮已按下，单击目标点，拖动鼠标，同时注意观察摄像机视图，调整目标距离和拍摄方向，以便获得最佳构图效果，如图 7-3 所示。

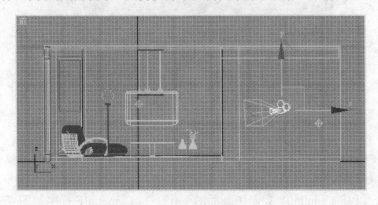

图 7-3 目标摄像机的角度

（3）单击 Camera01 视图后，再单击工具栏中的 ⊙ 按钮渲染 Camera01 视图，效果如图 7-1 所示。

3．制作移动摄像机镜头的动画

激活摄像机视图后，屏幕右下角的视图调整控制区中，会出现几个摄像机视图特有的调整控制按钮。下面，我们将使用其中的 ⬌ 按钮在摄像机视图中移动摄像机，制作拍摄镜头从全景到特写的动画。

（1）单击工具栏中的 ✛ 按钮，参照图 7-4，在视图中分别调整摄像点和目标点的位置，这也是摄像机在动画第 0 帧的状态。

（2）为了使动画画面的速度慢一些，这里我们需要加长动画时间。单击屏幕底部的 ⬚ 按钮，在弹出的对话框中将"长度"的值由原来的"100"改为"300"，最后单击"确定"按钮。

（3）按下"自动关键点"按钮，使之变成红色，然后向右拖动左视图下方的时间滑块到第 300 帧的位置。

（4）确认工具栏中的 ✛ 按钮已按下，参照图 7-5，调整摄像机的位置。

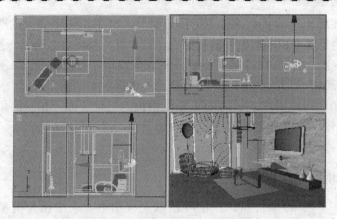

图 7-4　摄像机在动画第 0 帧的状态

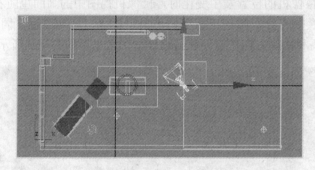

图 7-5　摄像机在动画第 300 帧顶视图中的状态

（5）单击 Camera01 视图，再单击屏幕右下角的 按钮，使之变成黄色显示。

（6）把光标移到 Camera01 视图中，按下左键后向上拖动鼠标，注意观察顶视图中摄像机的移动情况，以及 Camera01 视图中画面的变化。当 Camera01 视图如图 7-6 所示时，放开鼠标左键。

图 7-6　摄像机在第 300 帧拍摄到的画面

（7）单击"自动关键点"按钮使之变成灰色，结束动画的录制。

（8）单击动画控制栏中的 按钮，从 Camera01 视图中预览动画的效果。

7.1.2 3ds Max 9 的摄像机类型

3ds Max 9 提供了两种类型的摄像机，即目标摄像机和自由摄像机。目标摄像机由摄像机和目标点构成，自由摄像机则只有摄像机，而没有目标点。

在 ⚒ 命令面板中，单击 🎦 按钮，即可打开创建摄像机的命令面板，在其中的"对象类型"卷展栏中，列出了两个用于创建不同类型摄像机的命令，如图 7-7 所示。

在视图中创建了摄像机之后，按【C】键即可使当前视图切换成摄像机视图。我们通常是将透视图切换为摄像机视图。

图 7-7　"创建/摄像机"命令面板

7.1.3 摄像机的常用参数

选择摄像机之后，单击命令面板上方的 ◢ 按钮，即可在"修改"命令面板中设置和调整摄像机的有关参数。综合运用各种参数，可以实现传统照相机或摄像机的大多数功能，例如，变焦、广角镜头、望远镜头、景深等。

目标摄像机与自由摄像机的参数基本相同，本节将以使用较多的目标摄像机为例，介绍摄像机的常用参数。

摄像机的"参数"卷展栏如图 7-8 所示。

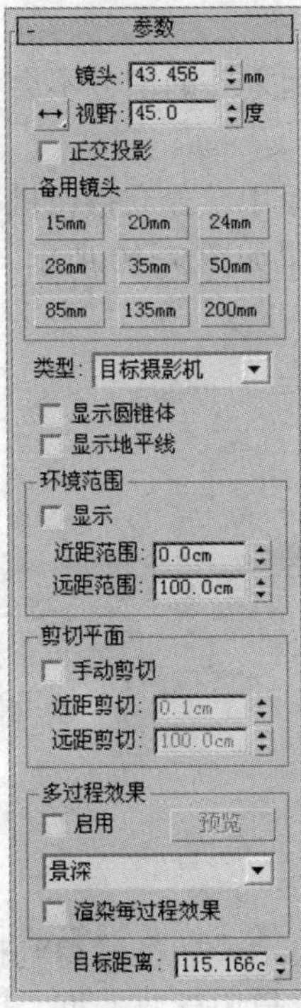

"参数"卷展栏的常用参数如下：

● 镜头和视野：设置摄像机的镜头尺寸和视野角度。

镜头和视野可以说是摄像机最常用也是最重要的两个参数，它们直接关系到摄像机视图的画面效果。镜头的单位是 mm（毫米），视野的单位是°（度），这两个参数是相关的，它们成反比关系。即镜头尺寸越小的摄像机，其视野越大，这就意味着能看到场景中更多的东西；反之，镜头尺寸越大，则视域就越小。当改变镜头参数的大小时，视野参数值会随之自动改变，反之亦然。

不同尺寸的镜头有不同的特点。默认的镜头尺寸为 43.456mm，相应的视野为 45°，这与人的正常视域相近。尺寸小于 43.456mm 的镜头可以产生比人的正常视域更宽阔的视野范围，这种镜头称为广角镜头，通过广角镜头看到的画面具有夸张的透视效果。广角镜头非常适合拍摄广阔的场景。尺寸在 48mm 以上的镜头可以拉近远处的场景，这种镜头称为长焦镜头或望远镜头。

在同一场景中，保持摄像机的位置和拍摄方向不变，而只变换镜头或视域，将会产生效果迥异的拍摄画面，如图 7-9 所示。

图 7-8　摄像机的"参数"卷展栏

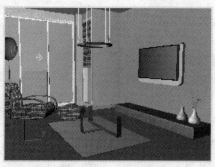
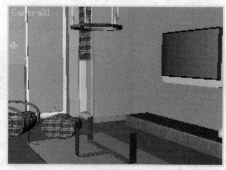

镜头 = "35mm"　　　　　　　　　　　镜头 = "50mm"

图 7-9　不同镜头摄像机的拍摄效果

● 备用镜头：提供系统预设的一组标准摄像机镜头。在"备用镜头"栏中，列出了从 15mm 到 200mm 共 9 种摄像机镜头，直接单击标有镜头尺寸值的按钮，即可快速将镜头设置为指定值。

● 显示圆锥体：选择该复选框后，即使取消了对摄像机的选择，视图中也会显示代表该摄像机视域的锥形图标。

● 显示地平线：选择该复选框后，摄像机视图中会显示出一条地平线，该地平线可作为取景的参考。

● 剪切平面：用于设置摄像机的切片效果。

① 手动剪切：以手动的方式来设定摄像机切片功能。

② 近距剪切：设置摄像机切片作用的最近范围，物体在此范围之内的部分不会显现于摄像机的场景中。

③ 远距剪切：设置摄像机切片作用的最远范围，物体在此范围之外的部分不会显现于摄像机的场景中。

在本书配套光盘上"场景"文件夹中的文件 7-2.max 提供的场景中，建立摄像机并设置剪切平面参数，就可看到具有双面材质彩蛋的内部材质，其渲染效果如图 7-10 所示。

图 7-10　设置"剪切平面"的效果

● 多过程效果：该选项的作用是对同一帧画面进行多过程渲染，最后准确得到摄像机的景深效果或运动模糊效果。选择"多过程效果"栏中的"启用"复选框，即可启动下面列表栏中的景深特效或运动模糊特效，其参数卷展栏如图 7-11 所示。在后面

7.2 节的任务 23 中，将具体介绍摄像机景深的实现方法。

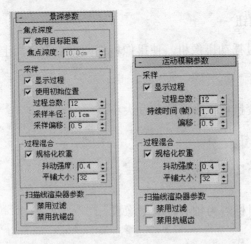

图 7-11　"景深参数" / "运动模糊参数" 卷展栏

7.1.4　摄像机视图的调整控制按钮

单击摄像机视图使之成为当前视图后，屏幕右下方的视图调整控制区中即会出现摄像机视图的调整控制按钮，如图 7-12 所示。

1. ⬍ 推拉摄像机按钮

该按钮组中包含以下 3 个按钮：

（1）⬍ 按钮

该按钮的作用是沿着目标点与摄像机的连线推动摄像机。在推动过程中，画面的透视效果保持不变，而只是改变拍摄景物的远近效果。使用该按钮，可以制作出景物由近渐远或由远及近的动画。

图 7-12　摄像机视图的调整控制按钮

（2）⬍ 按钮

该按钮的作用是沿着目标点与摄像机的连线推动目标点，在推动目标点的过程中，摄像机视图保持不变。实际上，改变目标点的距离也就改变了默认的聚焦平面的距离，在运用景深效果时，可使用⬍按钮直观地调整聚焦平面。

（3）⬍ 按钮

该按钮的作用则是同时推动摄像机和目标点。

2. ▽ 透视按钮

该按钮的作用是对摄像机的镜头尺寸和视域进行微调，在保持拍摄主体不变的情况下，改变摄像机视图的透视效果。

3.　◎侧滚摄影机按钮

该按钮的作用是通过摇动摄像机，使摄像机视图产生水平面上的倾斜。

4.　▷视野按钮

该按钮的作用是改变摄像机视野的角度大小。

5.　◈环游摄影机按钮

该按钮组中包含以下 2 个按钮：

（1）◈按钮

该按钮的作用是以目标点为轴心转动摄像机。

（2）◈按钮

该按钮的作用是以摄像机为轴心，转动摄像机的目标点。

7.2　任务 23：制作茶具特写镜头——摄像机景深特效

7.2.1　任务实施

【任务目标】

1．了解景深特效的特点。
2．掌握设置景深特效的方法。

【任务内容】

使用摄像机"景深参数"卷展栏中的相关参数，制作出具有景深特效的画面——茶具特写镜头，如图 7-13 所示。具体效果请参见本书配套光盘上"任务相关文档"文件夹中的文件"任务 23.max"。

图 7-13　茶具特写镜头

【制作思路】

聚焦平面的远近可以通过"景深参数"卷展栏的焦点深度进行设置，景深模糊程度可以通过采样半径进行设置。

【操作步骤】

1. 创建摄像机

（1）启动 3ds Max 9 应用程序之后，打开本书配套光盘上"场景"文件夹中的文件 7-3.max。

（2）打开"创建/摄像机"命令面板，使用其中的"目标"命令，在顶视图中创建一个目标摄像机。

（3）单击透视图使之成为当前视图，再按【C】键将它切换成摄像机视图。

（4）在视图中分别调整摄像机的摄像点和目标点，在顶视图中将摄像机的目标点放置在第二排茶杯的位置（因为默认的聚焦平面位于目标点处），使 Camera01 视图的渲染效果如图 7-14 所示。可以看出，整个场景都显得非常清晰。

2. 启用景深特效

（1）在视图中选择摄像机，单击命令面板上的 按钮，进入"修改"命令面板。

（2）在"参数"卷展栏中，选择"多过程效果"栏内的"启用"复选框。

图 7-14 设置景深参数之前的渲染效果

（3）单击"启用"复选框右边的"预览"按钮，并注意观察 Camera01 视图。

3. 设置景深参数

（1）在"景深参数"卷展栏中，将"采样"栏中的"采样半径"值设置为"2"，再在"参数"卷展栏的"多过程效果"栏内单击"预览"按钮，这时，从 Camera01 视图中可以看出，离摄像机较远的茶壶等景物变得模糊了。渲染 Camera01 视图，效果如图 7-15 所示。

（2）在"景深参数"卷展栏中，再将"采样半径"改变为"5"，然后在"参数"卷展栏中，单击"多过程效果"栏内的"预览"按钮，这时，Camera01 视图的模糊程度加强了，景深效果变得更加明显，其渲染效果如图 7-16 所示。

图 7-15　设置景深参数之后的渲染效果（一）　　图 7-16　设置景深参数之后的渲染效果（二）

注意观察"景深参数"卷展栏中"焦点深度"栏的参数设置，在默认的情况下启用了"使用目标距离"选项，因此在前面步骤（1）和（2）的景深设置中，聚焦平面位于摄像机的目标点处。从顶视图中可以看出，摄像机的目标点正好在第二排茶杯的位置处，因此，在图 7-15 和图 7-16 显示的渲染画面中，只有前面第二排茶杯最清晰，而场景中的其他景物则因距摄像机目标点距离的不同，而呈现出不同的模糊程度。

（3）改变焦点深度的参数值。在"景深参数"卷展栏中，取消对"使用目标距离"复选框的选择，并将"焦点深度"设置为"280"。在"参数"卷展栏中，单击"多过程效果"栏内的"预览"按钮，注意观察 Camera01 视图的变化，离摄像机较近的茶杯变得模糊了，而离摄像机较远的茶壶则非常清晰。Camera01 视图的渲染效果如图 7-13 所示。

7.2.2　摄像机的景深参数

"景深参数"卷展栏如图 7-17 所示。

"景深参数"卷展栏的常用参数如下：

● 焦点深度：设置摄像机到聚焦平面的距离。

如果选择了"使用目标距离"复选框，那么聚焦深度就使用"参数"卷展栏末尾的"目标距离"值。如果取消了对"使用目标距离"复选框的选择，则可以在后面的"焦点深度"数值框中自行设置聚焦深度。

● 显示过程：选择该复选框，则可观察到多过程渲染时每一次的渲染效果，从而看到景深特效的叠加产生过程。如果不选择该复选框，则是在多过程渲染全部完成之后，再显示出渲染的图像。

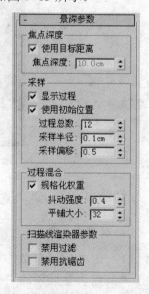

图 7-17　"景深参数"卷展栏

● 使用初始位置：选择该复选框，多过程渲染的第一次渲染就从摄像机的当前位置开始。否则，则是根据采样半径中设置的数值来确定第一次渲染的位置。

- 过程总数：设置多过程渲染的总次数。过程总数的值越大，景深特效图像的质量就越好，但渲染所花费的时间也就越长。
- 采样半径：设置摄像机从原始位置移动的距离。采样半径的值越大，渲染得到的图像就越模糊，景深效果也就越明显。需要注意的是，如果采样半径的值太大，则会使渲染图像发生变形。

7.3　上机实战

7.3.1　拍摄犀牛群

【项目内容】

在本书配套光盘上"场景"文件夹内 7-4.max 文件提供的场景中，创建一个目标摄像机，通过调整摄像机的拍摄方向和角度，分别产生犀牛群的俯视图、仰视图和特写图，通过设置景深参数，产生具有景深效果的渲染图（具体效果请参见本书配套光盘上"实战"文件夹中的文件 7-1（a）.jpg、7-1（b）.jpg、7-1（c）.jpg、7-1（d）.jpg），其渲染效果如图 7-18 所示。

俯视图

仰视图

犀牛特写

景深效果

图 7-18 从不同角度拍摄的犀牛群

【训练重点】

（1）创建目标摄像机。

（2）调整摄像机的拍摄角度和方向。

（3）设置摄像机的景深效果。

【操作提示】

（1）启动 3ds Max 9 应用程序之后，打开本书配套光盘上"场景"文件夹中的文件 7-4.max，该场景中有一群卡通犀牛造型，如图 7-19 所示。

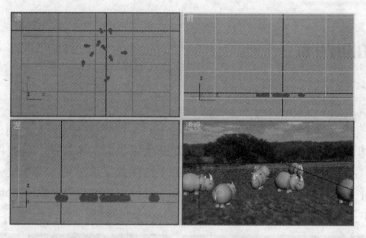

图 7-19　文件 7-4.max 中的场景

（2）创建目标摄像机。打开创建/摄像机命令面板，单击其中的"目标"命令按钮，在顶视图中创建一个目标摄像机。单击透视图使之成为当前视图，再按【C】键将它切换成摄像机视图。

（3）产生场景的俯视图。单击工具栏中的 ✛ 按钮，在视图中调整目标点和摄像点的位置，使其如图 7-20 所示。由于摄像点的位置大大高于目标点，因此这时 Camera01 视图中会呈现出场景的俯视效果图，为了取得最佳俯视效果，可以适当调整镜头大小。

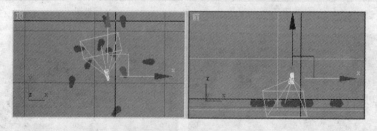

图 7-20　摄像机的位置（一）

（4）产生犀牛的仰视图。参照图 7-21 调整摄像机的拍摄角度，使摄像机的位置低于目标点，这时 Camera01 视图中显示出犀牛的仰视图。

（5）产生犀牛的特写。将目标点和摄像点都移近一个卡通犀牛，如图 7-22 所示。这时，Camera01 视图中即显示出该犀牛的特写。

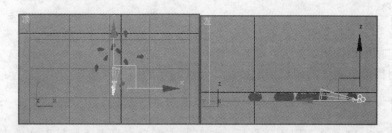

图 7-21　摄像机的位置（二）

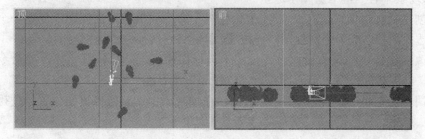

图 7-22　摄像机的位置（三）

（6）产生景深效果图。在顶视图中将目标点移到最前边犀牛所在位置，然后选择摄像机，再打开"修改"命令面板。在"参数"卷展栏中，选择"多过程效果"栏内的"启用"复选框。然后在"景深"参数卷展栏中，将"采样半径"的值设置为"0.01"。最后渲染Camera01 视图，观察景深效果。

7.3.2　摄像机动画

【项目内容】

在本书配套光盘上"场景"文件夹中的 7-4.max 文件提供的场景中，创建一个目标摄像机，并制作摄像机视野逐渐开阔的动画（具体效果请参见本书配套光盘上"实战"文件夹中的文件 7-2.avi），其静态渲染图如图 7-23 所示。

图 7-23　动画第 40 帧的效果

【训练重点】

（1）创建目标摄像机。

（2）使用摄像机视图的调整控制按钮，制作简单的摄像机动画。

【操作提示】

（1）启动 3ds Max 9 应用程序之后，打开本书配套光盘上"场景"文件夹中的文件 7-4.max，该场景中有一群卡通犀牛造型。

（2）创建目标摄像机。打开"创建/摄像机"命令面板，在顶视图中创建一个目标摄像机。单击透视图使之成为当前视图，再按【C】键将它切换成摄像机视图。

（3）改变摄像机的镜头尺寸。在视图中选择摄像机，然后打开"修改"命令面板，调整"参数"卷展栏的镜头大小，设置为"124mm"左右。

（4）调整摄像机的位置。参照图 7-24，在顶视图中调整摄像机的位置，使摄像机朝向中间的一头犀牛。

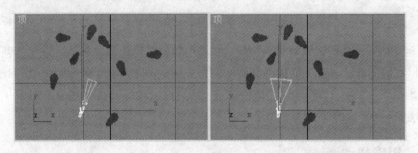

图 7-24　第 0 帧与第 100 帧摄像机在顶视图中的位置和视野变化

（5）按下"自动关键点"按钮，使之变成红色，然后向右拖动左视图下方的时间滑块到第 100 帧的位置。

（6）单击 Camera01 视图使之成为当前视图。按下鼠标视图调整控制区中的 ⟩ 按钮。

（7）把光标移到 Camera01 视图中，按下鼠标左键竖直向下拖动鼠标，从顶视图中可以看出，摄像机的视野角度在增大，同时参数卷展栏的镜头和视野参数都在变化，当视野变化到 44°左右时，停止拖动鼠标。最后再在顶视图中将摄像机的目标点向左微移。

（8）单击"自动关键点"按钮使之变成灰色，结束动画的录制。单击动画控制栏中的 ▶ 按钮，从 Camera01 视图中预览动画的效果。

习题与训练

一、填空题

1. 3ds Max 9 提供了两种类型的摄像机，即_____和

_____。

2. 创建摄像机时，先要打开_____命令面板。

3. 目标摄像机有两个控制点，即_____和_____。如果要

修改目标摄像机的参数，则应选择_____，然后打开"修改"命令面板。

4．创建了摄像机之后，可按_____键将当前视图切换为摄像机视图。

5．如果要对摄像机视图运用景深特效，则应在摄像机的"参数"卷展栏中，激活_____复选框。

6．"景深参数"卷展栏中"采样半径"参数的作用是_____。

7．![按钮] 按钮的作用是_____，![按钮] 按钮的作用是_____，![按钮] 按钮的作用是_____。

二、简答题

1．改变摄像机镜头尺寸的方法有哪些？

2．什么是广角镜头？广角镜头主要用于哪些场合？

3．什么是望远镜头（长焦镜头）？望远镜头主要用于哪些场合？

三、上机操作

在本书配套光盘上"场景"文件夹中的 7-5.max 文件提供的场景中，创建一个目标摄像机，并运用摄像机从不同角度进行取景。然后使用 ![按钮] 按钮制作环游动画。（具体效果请参考本书配套光盘上"实战"文件夹中的文件 7-3.avi，静态渲染效果图如图 7-25 所示。）

图 7-25　静态渲染效果图

第8章 动画制作

【内容导读】

使用 3ds Max 9 可以非常灵活、方便地制作三维动画。3ds Max 9 场景中的几乎任何东西均可设置动画，包括灯光、摄像机，甚至材质等。3ds Max 9 提供了很多创建动画的方法，以及大量用于管理和编辑动画的工具。

本章重点介绍 3ds Max 9 提供的动画编辑工具及常用的动画制作技术。

【知识要点】

1. 动画的有关概念。
2. 基本动画的制作。
3. 使用轨迹视图-曲线编辑器编辑动画。
4. 层次链接技术的应用。
5. 设置对象的运动路径。

【任务一览】

任务 24：地球的自转和公转——制作基本动画
任务 25：模拟钟摆实验动画——使用曲线编辑器
任务 26：行进中的托马斯小火车——路径动画

8.1 任务 24：地球的自转和公转——制作基本动画

8.1.1 任务实施

【任务目标】

1. 理解 3ds Max 9 实现动画的原理。
2. 理解关键帧动画的有关概念，掌握关键帧动画的制作方法。
3. 理解虚拟体的概念及层级链接技术。

4．掌握变换物体轴心的方法。

【任务内容】

制作地球绕太阳公转，同时自转的动画（说明：本任务的目的在于学习关键帧动画，所以没有考虑真实的科学数据）。具体效果请参见本书配套光盘上"任务相关文档"文件夹中的文件"任务 24.max"和"任务 24.avi"，其静态渲染效果图如图 8-1 所示。

图 8-1　太空背景下的地球与太阳

【制作思路】

地球的转动包括地球的自转和绕太阳的公转，为了避免两个动作的互相干扰，这里要引入虚拟体，让虚拟体绕着太阳公转，再把地球链接到虚拟体上，这样地球在自转的同时就会随着虚拟体绕太阳公转了。

【操作步骤】

1．制作动画前的准备工作

（1）启动 3ds Max 9 应用程序之后，打开本书配套光盘上"场景"文件夹中的文件 8-1.max，其中已创建了一个太阳和一个地球，如图 8-2 所示。

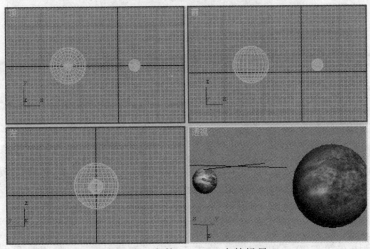

图 8-2　文件 8-1.max 中的场景

（2）单击动画控制区中的 按钮，弹出如图 8-3 所示的"时间配置"对话框。

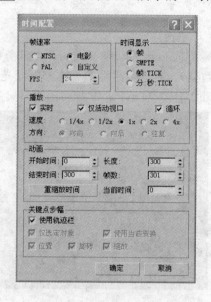

图 8-3　"时间配置"对话框

（3）在"时间配置"对话框的帧速率栏中，选择"电影"；在"动画"栏中，将"长度"设置为"300"，最后单击"确定"按钮完成设置。

2．太阳的转动

（1）单击透视图下方的"自动关键点"按钮，使该按钮变成深红色，进入动画录制状态。

（2）设置角度锁定。单击 按钮打开"栅格和捕捉设置"对话框，设置角度为"10°"，如图 8-4 所示。关闭对话框后，单击 按钮，锁定旋转角度。

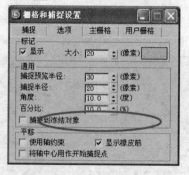

图 8-4　"栅格和捕捉设置"对话框

（3）向左拖动透视图下方的时间滑块到第 300 帧，单击工具栏中的 按钮，在顶视图中选择代表太阳的大球体，将大球体绕 Z 轴转动 "40°"。

3．地球的自转

确认时间滑块在第 300 帧的位置，单击工具栏中的 按钮，在顶视图中选择代表地球的小球体，将小球体绕 Z 轴转动 "-1080°"。

4．虚拟体的动画

（1）再次单击"自动关键点"按钮，暂时退出动画录制状态。

（2）单击"创建"命令面板下方的 □ 按钮，打开"辅助对象"命令面板。单击"对象类型"卷展栏中的"虚拟对象"命令按钮，使之变成黄色显示。

（3）把光标移到顶视图中小球中心所在位置，此时，光标变成"十"字形状。按下鼠标左键后，拖动鼠标可以画出一个立方体，这就是虚拟体，使用 ✛ 工具，将虚拟体移动到小球内部，效果如图 8-5 所示。

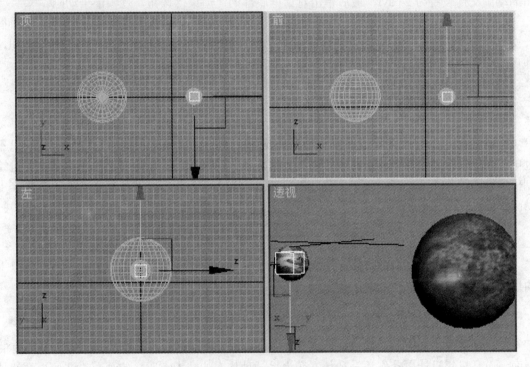

图 8-5　虚拟体的大小和位置

（4）改变虚拟体的变换轴心。单击命令面板上方的 🎜 按钮进入层级面板，在"调整轴"卷展栏中，按下"仅影响轴"按钮，使之变成蓝色显示。这时，所选物体的重心处，会出现以空心箭头显示的轴心标记；单击工具栏中的 ✛ 按钮，水平拖动轴心标记到大球的中心，完成轴心定位后，再次单击"仅影响轴"按钮，使之恢复成灰色，结束操作。

（5）建立虚拟体和地球的父子链接关系。单击工具栏中的 🔗 按钮，在顶视图单击作为子对象的小球，按住鼠标左键不放，拖动鼠标，当光标移动到作为父对象的虚拟体上时，放开鼠标左键。

（6）单击"自动关键点"按钮，进入动画录制状态。

（7）确认当前选择的是虚拟体，时间滑块在第 300 帧的位置，单击工具栏中的 ↻ 按钮，在顶视图中将虚拟体绕变换轴心后的 Z 轴转动-90°。

（8）单击"自动关键点"按钮，使之恢复成灰色，结束动画的录制。

提示：

使用 按钮建立链接，只能从子物体到父物体，操作顺序不能反。

5．渲染动画

（1）预览动画。激活透视图，再单击屏幕右下方的 按钮预览动画效果。

（2）渲染动画。单击工具栏中的 按钮，弹出"渲染场景"对话框。在其中的"时间输出"栏中，选择"活动时间段"选项，再在"渲染输出"栏中，单击"文件"按钮，将输出的动画文件设置为 24.avi，最后单击对话框底部的"渲染"按钮，逐帧渲染动画。

（3）观看动画文件的效果。选择"文件"菜单，再在弹出的下拉菜单中选择"查看图像文件"命令。在弹出的对话框中选择刚才生成的动画文件 24.avi，再单击"打开"按钮，即可观看到地球自转与公转的动画效果。

8.1.2 动画的有关概念

动画的产生是利用人眼睛的视觉暂留完成的，这与电影和电视的原理完全一样，只不过电影和电视是通过摄像机拍摄出一系列连续的动作画面，而动画则是通过手工或计算机绘制出连续的动作画面。当每秒钟变化的画面超过 15 幅时，连续画面就会在人的眼睛里产生动画影像。

1．帧

帧是指构成连续动画的每一幅单独的画面。当一组连续变化的画面以每秒钟 15 帧以上的速度播放时，就形成了动画的视觉效果。

2．关键帧与关键点

一个动画是由一组画面构成的，在 3ds Max 中制作动画时，并不需要逐一制作出所有的画面，而是只需设计出动作从一种状态变为另一种状态的转折点所在的画面，这种画面就是关键帧。两个关键帧之间的画面称为中间帧，3ds Max 将自动生成中间帧，从而得到一个动作流畅的动画。

关键帧记录场景内对象或元素每次变换的起点和终点，这些关键帧的值称为关键点。

需要注意的是，能够形成动画的因素不仅仅有对象位置的移动，实际上，在 3ds Max 中可以改变的任何参数，包括位置角度、大小比例、各类参数、材质特征等，都可以被设置成动画。

设置了关键帧之后，可以在时间轴上观察到关键点标记。移动对象产生的关键点标记为红色。旋转对象产生的关键点标记为绿色。缩放对象产生的关键点标记为蓝色。

3．动画时间

时间是动画中的一个重要因素，不同的帧分布在时间轴上的不同位置。在默认的情况下，3ds Max 9 的时间单位为帧，动画总长度为 100 帧，即从第 0 帧开始至第 100 帧结束，动画播放的速度（帧速率）为每秒 30 帧。从一个关键帧到下一个关键帧之间的帧数，即可反映一个动作变化成另一个动作所经历的时间长短,即动作的快慢。

单击动画控制区中的 ⊞ 按钮,即可弹出前面如图 8-3 所示的"时间配置"对话框,在该对话框中可以设置帧速率和动画长度等时间参数。

"时间配置"对话框中的常用参数如下:

● 帧速率:该参数栏用于设置动画的播放速度,其中包含以下 4 个选项:

① NTSC:该选项表示采用美国录像播放制式标准,其帧速率为 30 帧/秒(FPS)。

② 电影:该选项表示采用电影播放制式标准,其帧速率为 24FPS。

③ PAL:该选项表示采用欧洲录像播放制式标准,其帧速率为 25FPS。

④ 自定义:选择该选项后,即可在下面的 FPS 框中输入数值,自定义帧速率。

● 动画:该参数栏用于设置动画长度以及活动时间段等参数。

① 开始时间和结束时间:分别用于设置活动时间段的起始帧和终止帧。活动时间段是指当前可以访问的帧的范围,默认范围是从第 0 帧到第 100 帧。对于一个总帧数太多的动画,如果暂时只想处理其中的某一部分,那么为了方便操作,就可以将想要处理的这部分帧设置成活动时间段。

② 长度:在该数值框中可设置动画长度(即动画包含的总帧数)。默认的动画总帧数为 101 帧。

8.1.3 动画控制区

在 3ds Max 9 中预览动画效果时,可以直接拖动视图下方的时间滑块,也可以使用屏幕底部的动画控制区,如图 8-6 所示。

图 8-6 动画控制区

动画控制区中常用按钮的功能如下:

1. ⊶ 设置关键点

单击该按钮后,可将所选对象的状态记录在当前帧,并将当前帧设置为关键帧。

2. ⊶ 自动关键点

该按钮用于录制动画。自动关键帧按钮被单击后处于激活状态,呈红色显示,这时对场景中对象的编辑都将作为动画信息被记录下来。再次单击自动关键帧按钮使之恢复成灰色后,即可结束动画的录制。

按下自动关键帧按钮后,一旦在非 0 帧编辑了场景中的对象,对象的原始数据就会被记录在第 0 帧,而改变后的新的数据则会被记录在当前帧,这时,第 0 帧和当前帧都会成为关键帧。

3. ⊯ 转至开头

单击该按钮后,时间滑块会移动到当前活动时间段的第一帧。如果正在播放动画,那么单击该按钮将停止动画的播放。

4. ◀Ⅱ 上一帧

单击该按钮后，时间滑块将移到当前帧的前一帧。

5. ▶ 播放动画

该按钮用于在当前视图中播放动画。动画播放期间，该按钮会被 ▮▮（停止动画）按钮所取代，单击 ▮▮ 按钮即可停止播放动画。

按下 ▶ 按钮不放，可以弹出另一个选项，即 ▶（播放选定对象），该按钮的作用是在当前视图中播放所选对象的动画。

6. Ⅱ▶ 下一帧

单击该按钮后，时间滑块将移到当前帧的下一帧。

7. ▶▶Ⅰ 转至结尾

单击该按钮后，时间滑块会移动到当前活动时间段的最后一帧。如果正在播放动画，那么单击该按钮将停止动画的播放。

8. ▶Ⅰ 关键点模式切换

按下该按钮后，◀Ⅱ 按钮会变成 Ⅰ◀（上一关键点），Ⅱ▶ 按钮会变成 ▶Ⅰ（下一关键点）。这时，单击 Ⅰ◀ 和 ▶Ⅰ 按钮即可让时间滑块在关键帧之间移动。

9. [0____] 数值框

该数值框用于设置当前帧。在数值框中输入数值并按回车键后，时间滑块即可直接移到该数值所指定的帧。

8.1.4 变换轴心的确定

对物体进行旋转、缩放（特别是动画中的缩放）、镜像等变换操作时，都应注意物体的轴心位置。改变物体变换轴心的操作方法如下：

（1）选择要改变轴心的物体。

（2）单击命令面板上方的 👤 按钮，打开"层次"命令面板。

（3）在"层次"面板的"调整轴"卷展栏中，按下"仅影响轴"按钮，使之变成蓝色显示。这时，所选物体的重心处，会出现以空心箭头显示的轴心标记。

（4）单击工具栏中的 ✥ 按钮，拖动轴心标记到需要的位置处即可。

（5）完成轴心定位后，在命令面板的"调整轴"卷展栏中单击"仅影响轴"按钮，使之恢复成灰色，结束操作。

8.1.5 链接动画的有关概念

1. 父对象和子对象

如果把 A 对象链接到 B 对象上，那么，B 对象就是父对象，而 A 对象则是子对象。一个子对象只能有一个父对象，但一个父对象却可以有多个子对象。

在任务 24 中，虚拟体是父对象，而作为地球的小球则是子对象。

子对象将继承父对象的运动。例如，要实现地球跟随虚拟体做相同运动的动画，就可以把小球链接到虚拟体上，即把虚拟体作为父对象，小球作为子对象，当虚拟体运动时，小球会自动跟随着虚拟体进行相同的运动。

在两个对象之间建立了链接关系后，如果想取消这种链接关系，则可以按以下操作进行：

（1）选择要取消链接关系的子对象。

（2）再单击工具栏中的 按钮即可。

2．层级

一个子对象同时也可以是另一个对象的父对象，即可以把 A 对象链接到 B 对象上，再把 C 对象链接到 A 对象上。这种呈树状结构的多层链接关系就称为层级。单击命令面板上方的 按钮，即可在层级面板中进行有关层级的操作。

3．正向运动

建立了两个对象之间的链接关系之后，首先设置父对象运动的动画，然后再设置子对象运动的动画，这样，子对象在跟随父对象运动的过程中，也保持着自身的运动。这种动画就称为正向运动的动画。

8.2　任务 25：模拟钟摆实验动画——使用曲线编辑器

8.2.1　任务实施

【任务目标】

1．进一步理解和掌握链接技术。

2．了解轨迹视图-曲线编辑器的功能和用途。

3．理解曲线的曲率和速度的关系，掌握曲线弧度调整的方法。

4．掌握重复动作的设置方法。

【任务内容】

本任务对钟摆实验进行模拟，具体效果请参见本书配套光盘上"任务相关文档"文件夹中的文件"任务 25.max"和"任务 25.avi"，其静态渲染效果如图 8-7 所示。

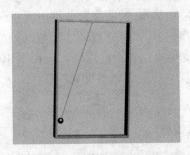

图 8-7　钟摆实验

【制作思路】

1．首先建立链接关系，以便线绳和小球一起摆动。

2．制作线绳的摆动，通过变换轴心，改变线绳的旋转轴心为线的顶端，使用旋转工具制作线绳旋转的动画。

3．使用轨迹视图-曲线编辑器调整线绳的摆动速度，位置高时速度慢，位置低时速度快，从而体现动能和势能的转换。

【操作步骤】

1．建立链接关系

（1）启动 3ds Max 9 应用程序之后，执行"文件"→"打开"菜单命令，打开本书配套光盘上"场景"文件夹中的文件 8-2.max。该文件的场景中已经创建了一个支架，一个小球和拉住小球的线绳。

（2）建立线绳和小球的父子链接关系。单击工具栏中的 按钮，在前视图单击作为子对象的小球，按住鼠标左键不放，拖动鼠标，当光标移动到作为父对象的线绳上时，放开鼠标左键。

2．制作线绳的摆动动画

（1）改变线绳变换的轴心。单击命令面板上方的 按钮，进入"层级"面板；在层级面板的"调整轴"卷展栏中，按下"仅影响轴"按钮；单击工具栏中的 按钮，在前视图中拖动轴心标记到线与支架接触点的位置处即可。完成轴心定位后，单击命令面板中的仅影响轴按钮，使之恢复成灰色，结束改变变换轴心的操作。

（2）调整线绳的初始状态。使用 工具在前视图绕 Y 轴旋转"18°"（如果调不准，可以稍后在轨迹窗口进行精确调整）。

（3）单击动画控制区中的 按钮，打开时间配置对话框，设置动画的长度为 160 帧。按下自动关键点按钮，开始动画的录制。

（4）向右拖动时间滑块到第 20 帧的位置，然后单击工具栏中的 按钮，在前视图将线绳绕 Y 轴旋转到"0°"即竖直向下的位置。

（5）继续向右拖动时间滑块到第 40 帧的位置，再在前视图中将线绳向右上方转动，即绕 Y 轴旋转"-18°"左右。

（6）再次单击自动关键点按钮，结束动画的录制。这时，可以从时间滑块所在的时间轴上，观察到第 0 帧、第 20 帧和第 40 帧的位置分别出现了一个红色的位移关键帧标记。

（7）单击动画控制区中的 按钮，从透视图中观察动画的效果。可以看出，小球在第 0 帧到第 40 帧的时间范围内在支架内由左向右摆动，而在第 40 帧之后的时间里则静止不动。

下面，我们将使用轨迹视图-曲线编辑器编辑关键帧，形成小球随位置高低的不同做变速运动并反复摆动的动作。

3．使用轨迹视图-曲线编辑器

（1）选择线绳后，单击工具栏中的 按钮，打开"轨迹视图-曲线编辑器"窗口，如

图 8-8 所示。其中，窗口右边显示的绿色曲线表示小球在 Y 轴上的旋转变化。

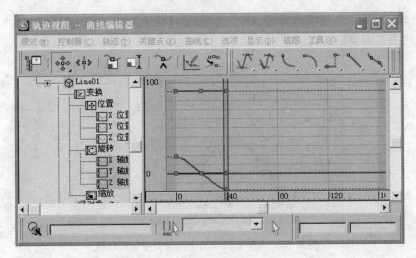

图 8-8 "轨迹视图-曲线编辑器"窗口

（2）在曲线编辑器右边的编辑窗口中，选择绿色曲线第 0 帧处的关键点，使它变成白色激活状态。然后在如图 8-9 所示画圈的位置可以准确输入旋转角度为"18°"。依次调整第 20 帧的旋转角度为"0°"，第 40 帧的旋转角度为"-18°"。选择第 0 帧处的关键点，再单击曲线编辑器窗口工具栏中的⟋按钮，将该点处的切线设置为慢速；选择第 20 帧处的关键点后单击⟍按钮，将该点处的切线设置为快速；最后选择 40 帧处的关键点设置为慢速。这时绿色曲线的变化如图 8-9 所示。

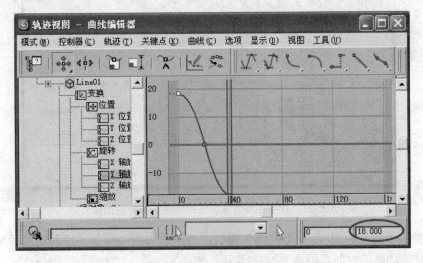

图 8-9 改变曲线类型

（3）如果感觉效果不明显还可以使用⟋按钮，进一步手动调整曲线的曲率，从而使速度的变化更明显。

下面，我们将继续运用轨迹视图-曲线编辑器，在整个动画的时间范围内，自动生成线绳带动小球摆动的重复动作。

4．生成线绳带动小球摆动的重复动作

（1）在轨迹视图-曲线编辑器窗口中，单击工具栏中的▣按钮，打开如图 8-10 所示的"参数曲线超出范围类型"对话框。

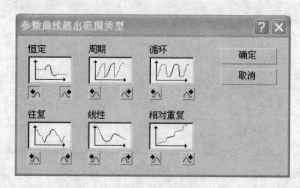

图 8-10　"参数曲线超出范围类型"对话框

该对话框中提供了 6 种参数曲线越界循环类型，每种类型下面的▣按钮，可使当前范围的功能曲线向左边扩展，而▣按钮则可使当前范围的功能曲线向右边扩展。

（2）在对话框中选择"往复"类型，再单击"确定"按钮。这时绿色曲线的变化如图 8-11 所示，在第 40 帧至第 160 帧的时间段内，绿色曲线以虚线方式对称循环出现了 3 次。

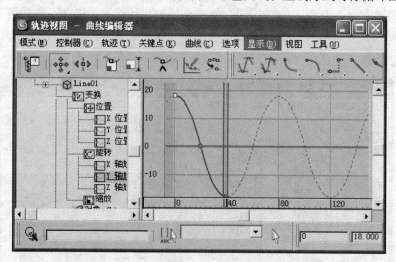

图 8-11　使用往复参数曲线越界循环类型后的曲线

（3）关闭"轨迹视图-曲线编辑器"窗口，再从透视图中预览小球的动画效果，可以看到小球在整体动画的时间范围内来回摆动了 2 次。

（4）激活透视图后，单击工具栏中的▣按钮渲染动画。最后，再执行"文件→查看图像文件"菜单命令，播放动画文件。

8.2.2　轨迹视图-曲线编辑器的操作界面

单击工具栏中的▣按钮，即可打开轨迹视图-曲线编辑器，其操作界面可以分为 5 个部

分，即菜单栏、工具栏、层级列表框、编辑窗口、导航工具栏，如图 8-12 所示。

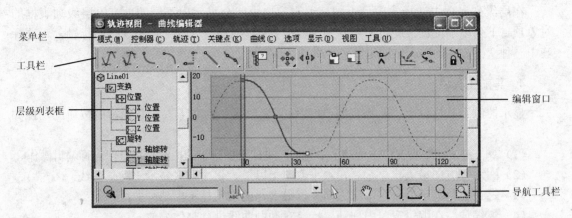

图 8-12　轨迹视图-曲线编辑器

1. 工具栏

工具栏中主要包括一组用于编辑关键帧的按钮，其中常用按钮的功能如下：

（1）移动关键点。在编辑窗口中自由移动所选关键点。

（2）滑动关键点。仅在水平方向上移动所选关键点。

（3）缩放关键点。在两个关键帧之间压缩或扩大时间量。

（4）缩放值。只改变当前关键点的参数值，而不改变关键点的位置。

（5）添加关键点。单击该按钮后，可在编辑窗口的曲线上增加关键点。

（6）绘制曲线。单击该按钮后，可在编辑窗口中直接绘制动画曲线。

（7）减少关键点。单击该按钮后，可删除当前所选的关键点。

（8）将切线设置为自动。在编辑窗口中通过关键点两端的控制柄来调整关键点前后的曲线弯曲程度。

（9）将切线设置为慢速。将所选关键点切线设置为减速变化的效果。

（10）将切线设置为快速。将所选关键点切线设置为加速变化的效果。

（11）将切线设置为阶跃。将所选关键点切线设置为阶跃状切线。

（12）将切线设置为线性。将所选关键点切线设置为线性切线。

（13）将切线设置为平滑。将所选关键点切线设置为平滑过渡的变化效果。

2. 层级列表框

"轨迹视图-曲线编辑器"窗口的左边是层级列表框，其中列出了场景中的所有对象及其动画特性，包括声音、材质、环境和对象等项目。

在层级列表框中，单击项目前面的加号"+"，可以展开层级列表，这样即可查看相关的动画特征参数并访问下一个层次。层级列表展开后，加号"+"会变成减号"-"，单击减号"-"可以使展开的项目折叠起来。

3. 编辑窗口

层级列表框的右边是编辑窗口，可在其中移动或复制动画关键帧，修改关键帧的属性以及调整动画曲线。

在层级列表框中选择的项目不同，编辑窗口内就会显示出不同的内容。层级列表框的对象项目下列出了位置、旋转和缩放 3 个变换方式及 X 轴、Y 轴、Z 轴 3 个坐标轴，可选择其中一种变换方式的一个轴向进行动画曲线的编辑。

4．导航工具栏

显示控制工具栏位于"轨迹视图–曲线编辑器"窗口的右下方，其中常用按钮的功能如下：

（1）平移。在编辑窗口中拖动手形光标，平移其中显示的内容，以方便进行编辑操作。

（2）水平方向最大化显示。在水平方向上以最大化的形式显示出动画曲线。

（3）最大化显示值。在垂直方向上以最大化的形式显示出动画曲线。

（4）缩放。在编辑窗口中拖动鼠标，对动画曲线进行整体缩放。

（5）缩放区域。缩放编辑窗口的局部区域。

8.3   任务 26：行进中的托马斯小火车——路径动画

8.3.1   任务实施

【任务目标】

1．进一步掌握链接技术。

2．进一步掌握轨迹视图–曲线编辑器窗口的功能和用途。

3．掌握路径动画的制作方法。

【任务内容】

托马斯是著名的动画片《托马斯和他的朋友们》的主角，深受小朋友的喜爱。本任务制作托马斯火车头沿铁轨行进的动画，具体效果请参见本书配套光盘上"任务相关文档"文件夹中的文件"任务 26.max"和"任务 26.avi"，其静态渲染效果如图 8-13 所示。

图 8-13   行进中的托马斯小火车

【制作思路】

1. 为了提高效率，先设置链接再制作车轮的转动动画，然后复制出其他车轮。这样不但可以复制车轮模型，而且可以复制链接关系和转动动画。

2. 为车身设置路径动画，形成小火车沿铁轨前进的动画效果。

【操作步骤】

1. 设置动画时间

（1）启动 3ds Max 9 应用程序之后，执行"文件→打开"菜单命令，打开本书配套光盘上"场景"文件夹中的文件 8-3.max。场景中已经创建了一辆只有一个车轮的小火车模型、铁轨和一根作路径的线。

（2）单击动画控制区中的 按钮，弹出"时间配置"对话框。

（3）在"时间配置"对话框的动画栏中，将长度设置为"300"，最后单击"确定"按钮关闭对话框。

2. 建立车身与车轮的连接关系

事实上，此时并没有完成整个小火车的造型，因为只有一个车轮是不够的。不过，全部车轮无论是在造型上还是在动作以及链接关系上，都完全相同，因此，我们可以在完成了这个车轮的动画制作后，再通过这个车轮复制出多个造型、链接关系和动作都完全一样的车轮，这样，可以大大简化操作，提高我们的动画制作效率。

（1）单击工具栏中的 按钮，再在前视图中将光标移到车轮处，按下鼠标左键后朝车身处拖动鼠标，将代表链接的虚线拖到车身上，如图 8-14 所示。放开鼠标左键后，即完成了链接操作。

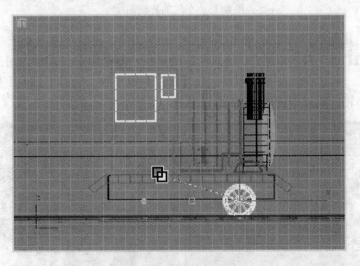

图 8-14 将车轮链接到车身上

（2）单击工具栏中的 按钮，在 Top 视图中试着移动车身，这时车轮会跟着车身移动。而移动车轮时，车身则不会跟着车轮移动。

3. 设置车轮转动的旋转动画

（1）确认车轮为选中状态，按下自动关键点按钮，开始动画的录制。

（2）向右拖动时间滑块到第 40 帧的位置，单击工具栏中的 ↻ 按钮，再单击工具栏中的 ◬ 按钮锁定旋转角度。然后在前视图中，将车轮绕 X 轴沿顺时针方向旋转"-180°"。

（3）单击"自动关键点"按钮，结束动画的录制。

（4）单击工具栏中的 ▦ 按钮，打开"轨迹视图-曲线编辑器"窗口。选择第 0 帧处的关键点，再单击曲线编辑器窗口工具栏中的 ◥ 按钮，将该点处的切线设置为线性，使车轮的旋转为匀速。

（5）在"轨迹视图-曲线编辑器"窗口中，单击工具栏中的 ▦ 按钮，打开"参数曲线超出范围类型"对话框。在对话框中选择"循环"类型，再单击"确定"按钮。这时红色曲线的变化如图 8-15 所示。

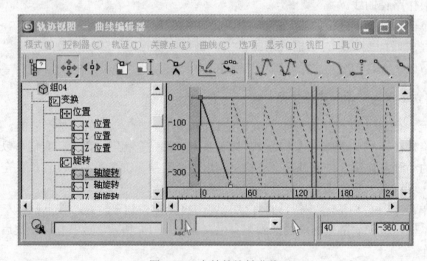

图 8-15　车轮的旋转曲线

（6）复制出其他 5 个车轮。单击工具栏中的 ✛ 按钮，在前视图中选择"组 04"车轮，然后按住【Shift】键不放，沿着 X 轴向左拖动鼠标，复制出火车左侧的另外两个车轮。把左侧的 3 个车轮一起选中，在顶视图中按住【Shift】键不放，沿着 Y 轴向上拖动鼠标，复制出右侧的 3 个车轮，效果如图 8-16 所示。

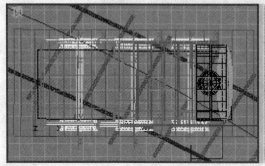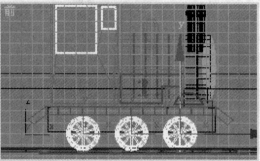

图 8-16　车轮的摆放位置

（7）单击动画控制区中的 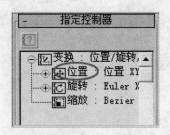按钮，从透视图中观察，可以看到车轮都在原地转动。

4．制作车身的路径动画

（1）在视图中选择车身组，单击命令面板上方的 ◎ 按钮，打开运动命令面板。

（2）在运动面板中展开"指定控制器"卷展栏，如图 8-17 所示。

图 8-17　运动面板中的"指定控制器"卷展栏

（3）在"指定控制器"卷展栏中选择位置，如图 8-17 所示；然后单击卷展栏左上方的 按钮，弹出"指定　位置　控制器"对话框。在对话框中选择"路径约束"，如图 8-18 所示，最后单击"确定"按钮。

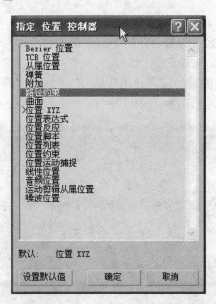

图 8-18　"指定 位置 控制器"对话框

（4）用手形光标向上拖动命令面板，使"路径参数"卷展栏出现在命令面板中。单击该卷展栏中的"添加路径"按钮，再在顶视图中用小"十"字光标单击二维图形，使它成为火车的行进路径。注意，这时火车自动移到了路径图形的起始节点处。

（5）单击动画控制区中的 按钮，在顶视图中预览动画效果。可以看到火车沿着弯曲的路径线条移动。

仔细观察刚才制作的动画效果，可以发现火车在沿着曲线移动的过程中，始终保持原有的水平方向，如图 8-19 所示，可见火车没有随着铁轨的弯曲而改变方向。下面，我们将通过相关的参数设置，使火车随着行进路径曲线的变化而自动调整方向和角度。

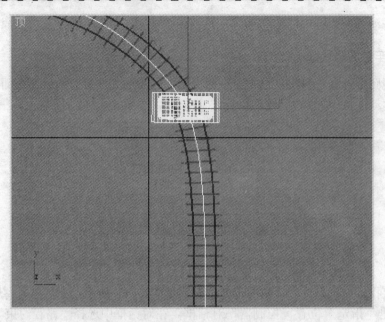

图 8-19　火车在行进的过程中始终保持原来的方向

（6）确认车身组被选择，在运动命令面板的"路径参数"卷展栏中，选择"跟随"复选框。从顶视图可以看出，火车的头部朝向了前进的方向，但与铁轨还存在一定的夹角。下面我们要旋转车身，使其完全与铁轨平行。

（7）单击工具栏中的按钮，在顶视图中绕 *Z* 轴适当旋转车身，使火车头部朝着路径前进的方向并且平行与铁轨，如图 8-20 所示。

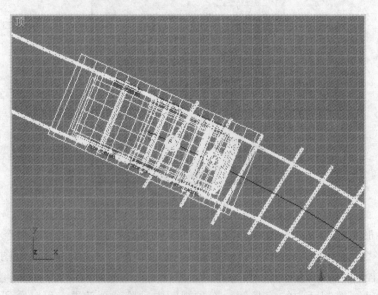

图 8-20　调整角度后的火车与轨道

（8）在顶视图中预览动画效果，可以看到在整个动画的时间内，火车从曲线路径的起始点开始，沿着路径行进至曲线的终点处。在行进过程中，火车会随着路径曲线的变化而自动调整方向，使火车始终朝着前进的方向。如果火车没在铁轨上，可以适当移动铁轨来配合火车，使火车真正行进在铁轨上。

（9）确认透视图被激活，单击工具栏中的 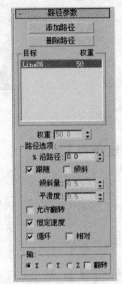 按钮渲染动画。最后，再执行"文件→查看图像文件"菜单命令，播放动画文件。

8.3.2 路径约束的有关参数

给对象指定了运动路径之后，可在运动命令面板的"路径参数"卷展栏中，设置有关的参数，如图 8-21 所示。

路径参数卷展栏的主要参数如下：

● %沿路径：指定对象沿着路径运动的百分比。

给对象指定了一个运动路径之后，系统将把当前动画范围的起始帧和终止帧设置为两个关键帧，其中，起始帧记录了对象在路径起点的状态，在起始帧处，%沿路径的值为 0%；终止帧则记录了对象在路径终点的状态，在终止帧处，%沿路径的值为 100%。如果在当前动画范围内，只需要对象从路径的起点移到路径的中间位置，则应在当前动画范围的终止帧处，将%沿路径的值设置为 50%。

● 跟随：设置对象的某个局部坐标系与运动的轨迹线相切。

与轨迹线相切的默认轴是 X 轴，可以在"路径参数"卷展栏底部的"轴"栏中，设置与运动轨迹线相切的轴向。跟随是一个非常有用的选项，它可以使对象沿着路径运动时，自动根据路径曲线的变化而调整自己的方向。

● 倾斜：使对象局部坐标系的 Z 轴朝向轨迹曲线的中心。

图 8-21　"路径参数"卷展栏

在弯道上骑摩托车时，摩托车会朝弯道内侧倾斜。利用倾斜选项，就可以产生这种对象在转弯处倾斜的效果。

只有选择了跟随选项后才能选择倾斜选项。对象倾斜的程度可由倾斜量参数设置，该参数值越大，对象就倾斜得越厉害。

● 删除路径：取消已经指定给对象的运动路径。

在视图中选择指定了运动路径的对象，然后在运动命令面板的"路径参数"卷展栏中，单击"删除路径"按钮即可。

8.4　上机实战

8.4.1 扇动翅膀的蝴蝶

【项目内容】

参照本书配套光盘上"实战"文件夹中的文件"实战 8-1.avi"，制作蝴蝶扇动翅膀的动画，其静态渲染效果如图 8-22 所示。

图 8-22　蝴蝶

【训练重点】

（1）变换轴心的改变方法。
（2）使用旋转工具制作动画。
（3）轨迹视图-曲线编辑器的使用。
（4）渲染动画。

【操作提示】

（1）启动 3ds Max 9 应用程序之后，打开本书配套光盘上"场景"文件夹中的文件 8-4.max，该场景中有一只三维蝴蝶模型，如图 8-23 所示。

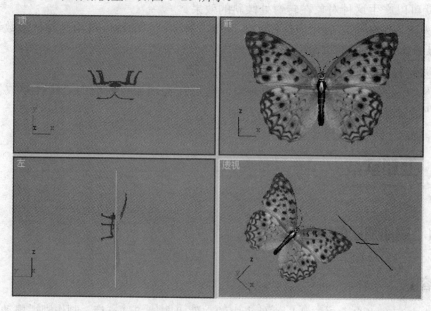

图 8-23　三维蝴蝶模型

（2）设置翅膀的轴心。单击命令面板上方的 ![] 按钮，进入层级面板。使用其中的"仅影响轴"按钮，分别将两只翅膀的轴心平移到与身体相连的位置。

（3）设置动画时间。单击动画控制区中的 ![] 按钮，在弹出的"时间配置"对话框中，将长度的值修改为"300"。

（4）设置翅膀的动作。按下"自动关键点"按钮，开始录制动画。到第 20 帧处，在前视图中分别将蝴蝶的两只翅膀由水平状态旋转至如图 8-24 所示的状态。最后再次单击"自动关键点"按钮，结束动画的录制。

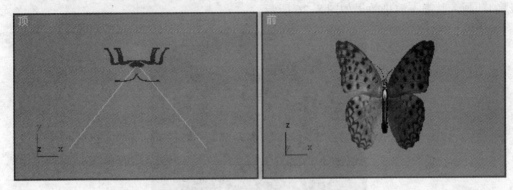

图 8-24　第 20 帧时的蝴蝶翅膀

（5）设置翅膀张合的重复动作。选择蝴蝶的一只翅膀后，再单击工具栏中的![]按钮，打开"轨迹视图-曲线编辑器"窗口。在"轨迹视图-曲线编辑器"窗口中，单击工具栏中的![]按钮，打开"参数曲线超出范围类型"对话框，选择其中的"往复"类型后，单击"确定"按钮。这样，翅膀一张一合的动作将在整个动画过程中重复。使用相同的方法，制作另一只翅膀一张一合的动画效果。

（6）由于这种周期运动是单调的重复，使得蝴蝶显得机械而不生动。为了真实模拟翅膀的扇动，我们需要把曲线调整得更有变化一些。可以在"轨迹视图-曲线编辑器"窗口中，使用关键点：轨迹视图工具栏中的![]、![]等按钮对曲线进行进一步编辑。但要注意两个翅膀的旋转曲线要对称。可参照图 8-25 调整曲线。

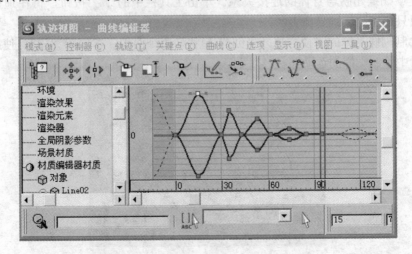

图 8-25　一对翅膀饶 Z 轴旋转的曲线

（7）渲染输出。激活透视图，单击工具栏中的"渲染场景"按钮渲染动画。

8.4.2　花丛中飞舞的蝴蝶

【项目内容】

参照本书配套光盘上"实战"文件夹中的文件"实战 8-2.avi"，制作一对蝴蝶在花丛中飞舞的动画，其静态渲染效果如图 8-26 所示。

图 8-26　花丛中飞舞的蝴蝶

【训练重点】

（1）链接技术。
（2）路径动画的制作。
（3）渲染动画。

【操作提示】

让蝴蝶在扇动翅膀的基础上沿指定路径飞行。

（1）建立蝴蝶翅膀与身体的连接关系。单击工具栏中的 按钮 按钮，再在顶视图中分别将蝴蝶的两只翅膀链接到身体上。

（2）绘制蝴蝶飞舞的路径。打开"创建/形状"命令面板，参照图 8-27，使用"线"命令在前视图中绘制蝴蝶的运动路径。

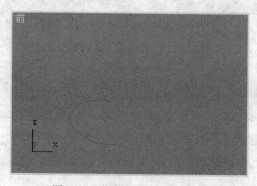

图 8-27　蝴蝶的初始运动路径

（3）在顶视图或左视图中，在 Y 轴的方向上调整路径上个别顶点的位置，使蝴蝶的运行轨迹有上下起伏的效果，如图 8-28 所示。

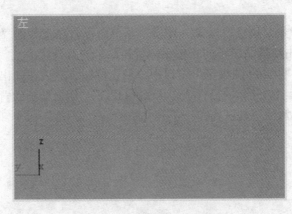

图 8-28　调整后的运动路径

（4）将路径指定给蝴蝶。在视图中选择蝴蝶的身体，然后单击命令面板上方的 ⚙ 按钮，打开运动面板。

（5）在运动面板中展开"指定控制器"卷展栏，选择其中的"位置"，然后单击卷展栏左上方的 ? 按钮，在弹出的"指定位置控制器"对话框中，选择"路径约束"，并单击"确定"按钮。

（6）在命令面板的"路径参数"卷展栏中，单击"添加路径"按钮，再在视图中用小"十"字光标单击刚才绘制的曲线，使它成为蝴蝶的运动路径。

（7）激活透视图后，单击 ▶ 按钮观看动画效果。可以看到蝴蝶沿着曲线移动，同时，蝴蝶翅膀在整个过程中始终连在身体上面，并一张一合。

（8）确认蝴蝶身体被选择，在运动命令面板的"路径参数"卷展栏中，选择"跟随"复选框。再单击工具栏中的 ↻ 按钮，在前视图中绕 Z 轴适当旋转蝴蝶的身体，使其头部朝着路径前进的方向，如图 8-29 所示。

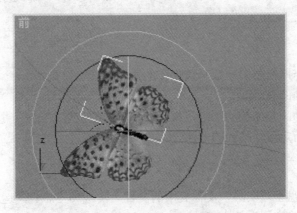

图 8-29　调整角度后的蝴蝶

（9）在前视图中预览动画效果，可以看到在整个动画的时间内，蝴蝶从曲线路径的起始点开始，沿着路径飞舞至曲线的终点处。在飞舞过程中，蝴蝶会随着路径曲线的变化而自动调整方向，使其头部始终朝着前进的方向。

（10）为了丰富画面，增强动画效果，我们可以再复制一个蝴蝶，另外画条路径，设置路径动画。

（11）设置渲染背景。执行"渲染→环境"菜单命令，在打开的"环境和效果"对话框的"背景"栏中，单击环境贴图下的长按钮，替换原来的背景。

（12）在弹出的"材质/贴图浏览"窗口中，双击位图，然后在弹出的对话框中选择风景图片（本书配套光盘上的文件"材质\背景\flowers.JPG"）作为动画的背景。

（13）渲染输出。激活透视图，单击工具栏中的 按钮渲染动画。

习题与训练

一、填空题

1．当一组连续变化的画面以每秒钟_____帧以上的速度播放时，就形成了动画的视觉效果。

2．在默认的情况下，3ds Max 9 的动画总长度为_____帧，动画播放的速度（帧速率）为每秒_____帧。

3．按住_____键不放，再在时间轴上拖动关键帧标记，就能复制该关键帧。

4．动画控制区中， 按钮的作用是_____， 按钮的作用是_____。

5．如果把 A 对象连接到 B 对象上，那么父对象是_____，子对象则是_____。

6．一个子对象可以有_____个父对象，而一个父对象可以有_____个子对象。

7．能够被指定运动路径的对象，除了可以是三维或二维的物体之外，还可以是_____和_____等对象。

二、简答题

1．完成一个动作所需要的帧数与该动作的快慢有什么关系？
2．怎样修改动画的总时间？
3．在制作旋转动画和缩放动画时，如何调整轴心的位置？
4．简述给对象指定运动路径的方法。

三、上机操作

参照本书配套光盘上"实战"文件夹中的文件"实战 8-3.avi"，运用移动等动画技术，制作"抗震救灾、重建家园"的文字动画。

第 9 章　粒子系统和空间扭曲

【内容导读】

3ds Max 9 提供了功能强大的粒子系统，使用粒子系统可以非常方便地创建雨、雪、烟、火花、瀑布、喷泉等动画效果。

空间扭曲可以通过空间作用对其他物体施加某种特定的影响。空间扭曲作用于粒子系统，可以制作出动态的水流、烟雾等效果。

本章重点介绍利用 3ds Max 9 提供的粒子系统及空间扭曲来制作雪、喷泉、落叶等一些典型的动画特效。

【知识要点】

1. 雪粒子系统的应用。
2. 超级喷射粒子系统的应用。
3. 重力、风、爆炸等空间扭曲的应用。

【任务一览】

任务 27：冬日飘雪——使用雪粒子
任务 28：水池喷泉——使用超级喷射粒子和重力空间扭曲

9.1　任务 27：冬日飘雪——使用雪粒子

9.1.1　任务实施

【任务目标】

1. 了解粒子系统的作用，掌握粒子系统的对象类型。
2. 掌握雪粒子系统的使用方法。
3. 理解环境贴图的重要意义。

【任务内容】

使用雪粒子制作下雪的动画效果，并用一幅冬日雪景图片作为动画背景。具体效果请参见本书配套光盘上"任务相关文档"文件夹中的文件"任务 27.max"和"任务 27.avi"，其静态渲染效果如图 9-1 所示。

图 9-1　冬日飘雪静态渲染效果

【制作思路】

1. 创建雪粒子发射器，通过粒子参数的设置来模拟飘雪的动画。
2. 使用一幅冬日雪景图片作为动画背景，以烘托整个动画氛围。

【操作步骤】

1. 制作下雪的动画

（1）在"创建/几何体"命令面板的下拉列表中，选择粒子系统，出现粒子系统控制面板。

（2）在"对象类型"卷展栏中，单击"雪"命令按钮，然后把光标移到顶视图中，在视图中拖动鼠标，创建一个矩形线框状的粒子发射器。在前视图中，将粒子发射器移到视图上方，如图 9-2 所示。

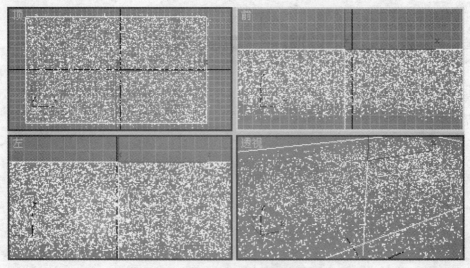

图 9-2　雪粒子发射器

（3）预览动画。激活透视图，再单击动画控制区中的▶按钮，预览动画效果。

（4）设置粒子参数。选择粒子发射器后，进入修改命令面板，在"参数"卷展栏中，设置视图计数和渲染计数的值均为"10000"，设置雪花大小的值为"0.35"，变化的值为"0.5"。在计时栏中，设置开始的值为"-50"，寿命的值为"100"。在发射器栏中，设置宽度和长度的值分别为"400"和"200"。其他参数的设置如图 9-3 所示。

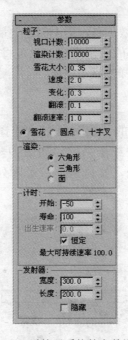

图 9-3 雪粒子系统的参数设置

2．设置雪花材质

（1）单击工具栏中的 ✣ 按钮或按【M】键，打开材质编辑器。将一个样本小球作为雪花材质指定给粒子发射器。

（2）在"Blinn 基本参数"卷展栏中，设置雪花材质的漫反射颜色为淡灰白色，设置高光级别为"40"，光泽度为"5"。

3．设置背景图片

（1）执行"渲染→环境"菜单命令，在打开的"环境效果"对话框的背景栏中，单击【无】长按钮。

（2）在弹出的"材质/贴图浏览器"窗口中，双击位图，然后在弹出的对话框中选择一幅建筑雪景图片（本书配套光盘上"任务相关文档/素材"文件夹中的 snow03.JPG 文件）作为动画的背景。

4．渲染动画

（1）单击工具栏中的 ➡ 按钮，弹出"渲染场景"对话框。在其中的"时间输出"栏中，选择"活动时间段"选项，再在"渲染输出"栏中，单击"文件"按钮，将输出的动画文件设置为"任务 27.avi"，最后单击对话框底部的"渲染"按钮，逐帧渲染动画。

（2）观看动画文件的效果。执行"文件"→"查看图像文件"命令。在弹出的对话框中选择刚才生成的动画文件"任务 27.avi"，再单击"打开"按钮，即可观看到冬日飘雪的动画效果。

9.1.2　粒子系统简介

粒子系统是 3ds Max 提供的特效工具，用于创建大量的粒子集合并制作粒子流的动画效果。粒子系统本身提供了一些简单的粒子形状，也可将场景中的任何几何体定义为粒子形状。粒子系统还能如普通几何体一样被赋予材质。

1．粒子系统的类型

在"创建/几何体"命令面板的下拉列表中，选择粒子系统，即可进入创建粒子系统的命令面板，其中提供了 7 种粒子系统，如图 9-4 所示。其中，PF Source（粒子流）、喷射、雪属于基本粒子系统，暴风雪、粒子阵列、粒子云、超级喷射属于高级粒子系统。

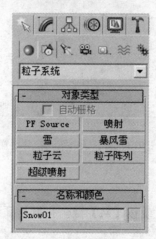

图 9-4　创建粒子系统的命令面板

（1）PF Source（粒子流）。是一种功能较强的粒子系统，可以制作多种粒子动画效果。

（2）喷射。是最基本、最简单的粒子系统之一，主要用来制作下雨、瀑布等效果。

（3）雪。是最基本、最简单的粒子系统之一，主要用来制作下雪效果。

（4）暴风雪。同样用于模拟雪景，但比雪粒子系统功能强大。

（5）粒子云。可以选择不同形状的发射器。

（6）粒子阵列。可以选择从某一物体发射粒子，粒子分布多样。

（7）超级喷射。从一个点向外发射粒子流。可以使用场景中的几何体来作为粒子形状。

2．雪和喷射粒子系统的主要参数

雪和喷射是两种最基本的粒子系统，其参数的设置基本相同，如图 9-5 所示。

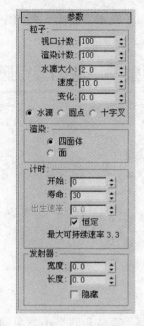

图 9-5　喷射粒子系统的参数

雪粒子系统和喷射粒子系统的主要参数如下：

● "粒子"栏

① 视口计数：设置视图窗口中的粒子数量。

② 渲染计数：设置渲染时效果图中显示的粒子数量。数量越多，渲染的速度会越慢。

③ 水滴大小：设置水滴的尺寸大小。在雪粒子系统中，则是由雪花大小参数决定雪片的大小。

④ 速度：设置粒子的运动速度。

⑤ 变化：控制粒子的方向。当变化的值为"0"时，粒子流进行均匀的有规律的运动。当增加变化的值时，粒子的方向和速度会出现随机变化。变化的值越大，这种随机的变化就越明显。

⑥ 翻滚和翻滚速率：雪粒子系统才有这两个参数，而且"渲染"栏要选择"六角形"或"三角形"。用于设置雪片飘落时的翻滚状态。

⑦ 粒子形状：喷射粒子的形状有水滴、圆点和十字叉，雪粒子的形状有雪花、圆点和十字叉。

● "渲染"栏

用于设置渲染时粒子的形状。喷射粒子有两种渲染方式：四面体和面。雪粒子有 3 种渲染方式：六角形、三角形和面。

● "计时"栏。

① 开始：设置发射器从第几帧开始发射粒子。其值可以是包括负值在内的任何帧值，默认值为"0"。

② 寿命：设置粒子的生命周期。

● "发射器"栏

① 宽度和长度：设置粒子发射器的宽度和长度。

② 隐藏：选中该复选框后，粒子发射器将不在视图中显示出来。

9.2 任务 28：水池喷泉——使用超级喷射粒子和重力空间扭曲

9.2.1 任务实施

【任务目标】

1. 掌握超级喷射和喷射粒子系统的使用方法。
2. 理解并掌握重力空间扭曲的用法。
3. 能够制作空间扭曲影响下的粒子动画。

【任务内容】

制作水池喷泉动画。水池中的大喷泉和四个小喷泉同时往上喷水，又受重力作用落入水池。具体效果请参见本书配套光盘上"任务相关文档"文件夹中的文件"任务 28.max"和"任务 28.avi"，其静态渲染效果如图 9-6 所示。

图 9-6　水池喷泉

【制作思路】

1. 喷泉往上喷水的动画效果可以用喷射和超级喷射粒子系统制作。
2. 喷泉的水受重力往下落的效果，使用空间扭曲中的重力或风等对象类型都可以实现。

【操作步骤】

1. 创建超级喷射粒子

（1）启动 3ds Max 9 之后，打开本书配套光盘上"场景"文件夹中的文件 9-2.max，其中已创建了一个水池模型，如图 9-7 所示。

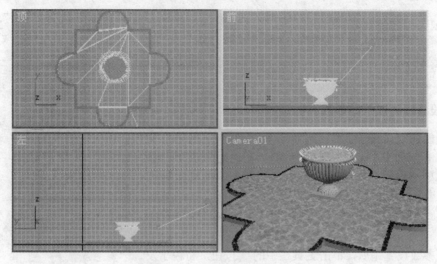

图 9-7　喷泉场景的初始状态

（2）创建超级喷射粒子制作小喷泉。在"创建/几何体"命令面板的下拉列表中，选择粒子系统。在"对象类型"卷展栏中，单击"超级喷射"按钮，然后在顶视图中拖动鼠标创建一个超级喷射粒子发射器。

（3）单击工具栏中的 ⊕ 按钮，将粒子发射器移动到水池的其中一个弧度位置。

2．设置超级喷射粒子的参数

（1）激活摄像机视图，单击动画控制区中的 ▶ 按钮预览动画效果。这时，可以看到粒子的喷射高度不够，而且粒子的数量很少。

（2）确认超级喷射粒子被选择，进入"修改"命令面板。在"基本参数"卷展栏的"粒子构造"栏中，将"轴偏离"下面的"扩散"值设置为"10"，将"面偏离"下面的"扩散"值设置为"90"。单击动画控制区中的 ▶ 按钮预览动画效果，可以看到粒子呈锥形分散状态喷射。

（3）设置视图中的粒子数量。在"基本参数"卷展栏的"视口显示"栏中，将"粒子数百分比"的值从原来的"10"设置为"100"，这时视图中的粒子数量变多了，但还不够，在"粒子生成"卷展栏的"粒子数量"栏中，选择"使用速率"选项，并将对应的值设为"200"，这时视图中的粒子数量变多了，如图 9-8 所示。

图 9-8　调整参数后粒子的喷射状态

（4）在"粒子生成"卷展栏的"粒子运动"栏中，设置"速度"值为"120"，变化值为"10"。在"粒子计时"栏中，设置"发射开始"为"-400"，"发射结束"为"200"。在"粒子大小"栏中，设置"大小"为"20"。

3．设置喷射粒子的参数

图 9-9　喷射粒子"参数"卷展栏的

（1）创建喷射粒子制作大喷泉。在"创建/几何体"命令面板的下拉列表中，选择粒子系统。在"对象类型"卷展栏中，单击"喷射"按钮，然后在顶视图中拖动鼠标创建一个喷射粒子发射器。

（2）设置喷射粒子参数。参照图 9-9，设置喷射粒子的参数。

（3）参数设置完后，单击工具栏中的 □ 按钮，将粒子发射器等比例放大到与水池匹配，然后使用 ✛ 工具将该粒子发射器移动到水池中央的水盆中。复制 3 个前面建的超级喷射粒子做的小喷泉并调整其位置和大小，具体效果如图 9-10 所示。单击动画控制区中的 ▷ 按钮预览动画效果，可以看到粒子呈锥形分散状态喷射。

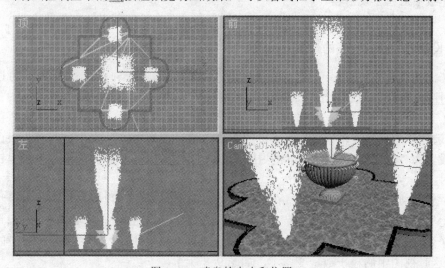

图 9-10　喷泉的大小和位置

4．为粒子施加重力作用

（1）在"创建"命令面板中，单击上方的 ▨ 按钮进入空间扭曲面板。确认其下拉列表中为"力"选项。

（2）在"对象类型"卷展栏中，单击"重力"按钮，然后在顶视图中拖动鼠标创建一个重力图标。

（3）将重力图标与喷射粒子捆绑在一起。确认重力图标被选择，单击工具栏中的 ▨ 按钮后，在顶视图中将光标移到重力图标处，再按下鼠标左键，朝粒子发射器拖动鼠标，当连接的虚线拖到粒子发射器上后，放开鼠标左键，这样就把重力空间扭曲与喷射粒子捆绑在一起。再重复操作 4 次，依次将 5 个喷泉都与重力空间扭曲捆绑在一起。此时粒子的喷射状态如图 9-11 所示。

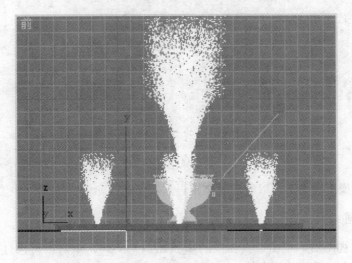

图 9-11　施加重力影响后粒子的喷射状态

（4）设置重力空间扭曲的参数。选择重力图标后，进入修改面板。在参数卷展栏中，将强度值由原来的"1"设置为"3"，这时粒子的喷射状态如图 9-12 所示。

图 9-12　调整重力强度后粒子的喷射状态

5. 设置喷泉材质

（1）单击工具栏中的 按钮或按【M】键，打开材质编辑器。将一个样本小球作为大喷泉的材质指定给粒子发射器。

（2）在"Blinn 基本参数"卷展栏中，设置喷泉材质的漫反射颜色为淡蓝色。高光级别为"29"，光泽度为"33"，柔化为"0.1"。

（3）选择另外一个样本球作为小喷泉的材质指定给另外 4 个小的粒子发射器。设置"明暗器基本参数"卷展栏中的下拉列表项为"各向异性"。展开"各向异性基本参数"卷展栏，设置漫反射、不透明度以及反射高光等参数项，具体设置参照图 9-13 完成。

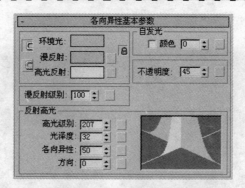

图 9-13　"各向异性基本参数"卷展栏

（4）渲染摄像机视图，可以看到喷泉不再是灰色。

6．渲染动画

激活摄像机视图后，单击工具栏中的 按钮渲染动画。最后，再执行"文件→查看图像文件"菜单命令，播放动画文件。

9.2.2　超级喷射粒子系统的主要参数

超级喷射、粒子阵列、暴风雪、粒子云属于高级粒子系统，与基本粒子系统相比，高级粒子系统的功能更加强大，其参数设置也更加复杂。高级粒子系统的参数面板中共有 8 个卷展栏，其中，除了"基本参数"卷展栏的参数略有不同之外，其余 7 个卷展栏的参数设置完全相同。

超级喷射粒子系统的常用参数如下：

1．"基本参数"卷展栏

● 轴偏离：设置粒子与发射中心 Z 轴之间的偏离角度，以产生斜向的喷射效果。其下的分散参数用于设置粒子在 Z 轴方向上发射后散开的角度。

● 面偏离：设置粒子在发射器平面上的偏离角度。其下的分散参数用于设置粒子在发射器平面上发射后散开的角度，可产生空间喷射的效果。

2．"粒子生成"卷展栏

● 粒子运动：使用该栏中的速度可设置粒子的速度，变化可设置每一个粒子发射时速度的变化量。

● 粒子计时：发射开始和发射结束可分别设置粒子开始发射和结束发射时所在的帧。寿命用于设置粒子诞生后的生存时间。

● 粒子大小：大小可设置粒子的尺寸大小。增长到用于设置粒子从尺寸极小变化到正常尺寸所经历的时间，衰减到用于设置粒子从正常尺寸萎缩到消失所经历的时间。

9.2.3　空间扭曲

空间扭曲是一种特殊的辅助建模工具。空间扭曲对象本身不可渲染，但能够使其他对象发生变形，产生爆炸、水波、风吹、流水等空间效果。

在创建命令面板中，单击面板上方的 ≋ 按钮即可进入空间扭曲创建面板。3ds Max 9 提供了 6 种类型的空间扭曲，如图 9-14 所示。其中，力空间扭曲通常与粒子系统绑定使用，用于表现粒子系统受到重力、风力、推力等外力作用的效果。"几何/可变形"空间扭曲可用于对几何体进行空间变形。基于修改器空间扭曲的效果则类似于编辑修改器，不同之处是基于修改器空间扭曲对象可作用于整个场景中的所有几何体。

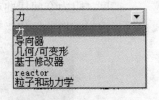

图 9-14   6 种空间扭曲

1．使用空间扭曲的一般步骤

（1）创建要应用空间扭曲的对象，它们可以是粒子系统，也可以是几何体。

（2）创建空间扭曲对象。在创建命令面板中，单击面板上方的 ≋ 按钮进入空间扭曲面板，然后在其下拉列表中选择需要的空间扭曲类型。

（3）在"对象类型"卷展栏中，单击一个空间扭曲命令按钮后，在视图中拖动鼠标创建一个空间扭曲对象。

图 9-15   9 种空间扭曲

（4）将空间扭曲对象与要扭曲的其他对象捆绑在一起。单击工具栏中的绑定到空间扭曲 ❀ 按钮后，在视图中选择空间扭曲对象，然后拖动鼠标到要扭曲的对象上，最后释放鼠标即可。

（5）调整空间扭曲对象的参数，或是调整空间扭曲对象与捆绑对象之间的相对位置。

下面，重点介绍用于粒子系统的力空间扭曲。

2．力空间扭曲

力空间扭曲可以改变粒子系统中粒子的喷射或洒落方向。有 9 种类型的力空间扭曲，如图 9-15 所示。

● 电动机。产生一种螺旋形的推力影响粒子系统。

● 推力。作用于粒子系统时，可产生一种大小和方向统一的推力。

● 漩涡。产生一种旋转的力作用于粒子系统，使其形成一个。可以模拟自然界的龙卷风、漩涡等效果，如图 9-16 所示。

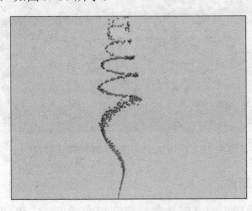

图 9-16   使用旋涡空间扭曲和超级喷射制作的粒子漩涡

● 阻力。对粒子运动产生一种阻力，使粒子在指定的范围内以指定的量减慢运动速度。阻力空间扭曲对象有线形、圆形和圆柱形 3 种形状。图 9-17 显示了使用圆形阻力空间扭曲后超级喷射粒子的喷射状态。

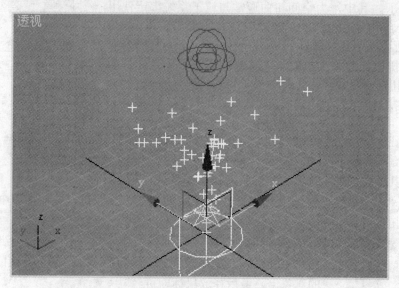

图 9-17　使用 Drag 空间扭曲后粒子的喷射状态

● 路径跟随。该空间扭曲对象可以使粒子系统沿着指定的路径运动。
● 粒子爆炸。该空间扭曲可产生一个冲击力使粒子系统发生爆炸。
● 置换。可对粒子系统进行位置转换的空间扭曲。
● 重力。可模拟自然界的重力影响。
● 风。模拟风力影响，用于设置粒子受到风吹后的效果。图 9-18 显示了使用风空间扭曲后喷射粒子的喷射路径发生了改变。

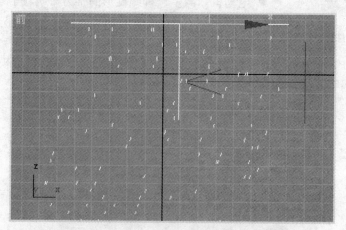

图 9-18　使用风空间扭曲后粒子的喷射状态

3．几何/可变形空间扭曲

几何/可变形空间扭曲用于对几何体进行空间扭曲变形，它包括了 7 种类型，如图 9-19

所示。

图 9-19　几何/可变形空间扭曲

- FFD（长方体）和 FFD（圆柱体）。FFD 空间扭曲的作用类似于 FFD 编辑修改器，它可以同时作用于场景中的多个几何体，通过调整其控制点使绑定的几何体扭曲变形。
- 波浪。用于创建线形波浪的变形效果，如图 9-20 所示。

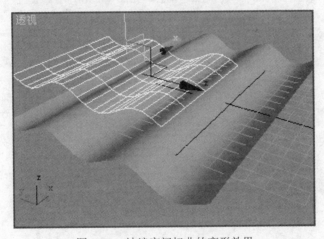

图 9-20　波浪空间扭曲的变形效果

- 涟漪。用于创建环形波浪的变形效果，如图 9-21 所示。

图 9-21　涟漪空间扭曲的变形效果

- 置换。可对物体进行位置转换的造型扭曲。通过对置换空间扭曲对象位置、强度、贴图的调整来使物体局部造型发生空间位置上的变化，如图 9-22 所示。

图 9-22　置换空间扭曲加载的贴图及其变形效果

● 适配变形。该空间扭曲可实现包裹功能，如图 9-23 所示。

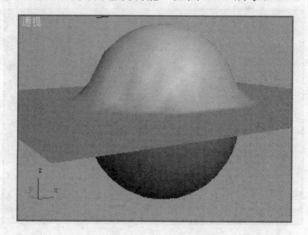

图 9-23　适配变形空间扭曲的变形效果

● 爆炸。用于将物体爆炸成碎片，如图 9-24 所示。

图 9-24　爆炸空间扭曲的变形效果

9.3　上机实战

9.3.1　飘落的叶片

【实训内容】

参照本书配套光盘上"实战"文件夹中的文件 9-1.avi，使用雪粒子系统制作叶子飘落的动画。其静态渲染效果如图 9-25 所示。

图 9-25　飘落的叶片

【实训重点】

（1）雪粒子系统的应用。

（2）使用漫反射颜色和不透明度贴图将粒子的形状变成银杏叶子状。

【操作提示】

（1）创建雪粒子系统。启动 3ds Max 9 应用程序之后，使用"创建/几何体/粒子系统"命令面板中的"雪"命令，创建雪粒子系统。

（2）参照图 9-26 设置雪粒子系统的相关参数。

（3）设置粒子材质。打开材质编辑器，将一个样本小球作为叶子材质指定给雪粒子发射器。设置样本小球的漫反射颜色贴图为本书配套光盘上"材质/其他"文件夹中的文件银杏 01.TIF，再设置其不透明贴图为本书配套光盘上"材质/其他"文件夹中的文件银杏 02.TIF。同时设置

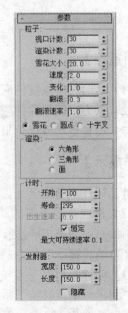

图 9-26　设置雪粒子系统的参数

两种贴图的 U、V 方向的平铺数均为 "1.4"。

（4）单击工具栏中的 按钮渲染动画。

9.3.2　茶壶倒水

【实训内容】

参照本书配套光盘上"实战"文件夹中的文件 9-2.avi，使用喷射粒子系统和重力空间扭曲，制作茶壶倒水的动画。其静态渲染效果如图 9-27 所示。

图 9-27　茶壶倒水

【实训重点】

（1）喷射粒子系统的应用。

（2）重力空间扭曲的应用。

（3）设置运动模糊效果。

【操作提示】

（1）打开本书配套光盘的"场景"文件夹中的文件 9-3.max。

（2）设置茶壶倾斜的动作。单击"自动关键点"按钮，使该按钮变成深红色，进入动画录制状态。到第 30 帧处，在左视图中将茶壶旋转一定的角度，如图 9-28 所示。最后再次单击"自动关键点"按钮，结束动画的录制。

（3）创建喷射粒子系统。使用"创建/几何体/粒子系统"命令面板中的喷射命令，在前视图中创建一个喷射粒子系统。在第 30 帧处，将粒子发射器移到茶壶嘴的位置。调整发射器的大小，使其接近茶壶嘴的大小。

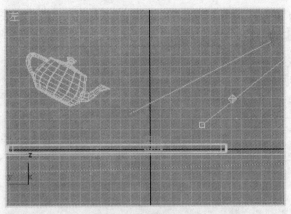

图 9-28　倾斜茶壶

（4）参照图 9-29 设置喷射粒子系统的相关参数。这时，喷射粒子的喷射状态如图 9-30所示。

图 9-29　设置喷射粒子系统的参数

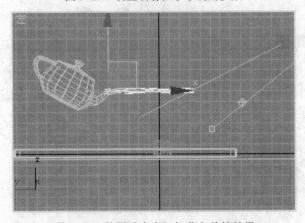

图 9-30　使用重力空间扭曲之前的效果

（5）施加重力作用。使用"创建/空间扭曲/力"命令面板中的重力命令，在顶视图中拖动鼠标创建一个重力图标，然后单击工具栏中的 按钮将重力图标与喷射粒子捆绑在一起，并调整强度为"3.5"。这时喷射粒子的喷射状态如图 9-31 所示。

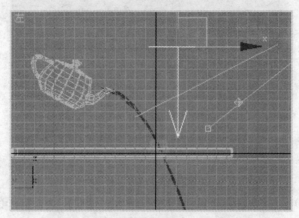

图 9-31　使用重力空间扭曲之后的效果

　　（6）设置水材质。参照 9.2.1 节中制作喷泉材质的方法制作水的材质，并将水材质赋给喷射粒子。

　　（7）设置运动模糊效果。参照 7.2.1 节设置景深特效的方法，设置水的运动模糊效果。

　　（8）激活摄像机视图，单击 按钮观看动画效果。

　　（9）单击工具栏中的 按钮，渲染动画。

习题与训练

一、填空题

　　1．在"创建/几何体"命令面板的下拉列表中，选择＿＿＿＿＿＿＿＿＿＿，即可进入创建粒子系统的命令面板。

　　2．3ds Max 9 提供了 7 种粒子系统，它们是：PF Source、＿＿＿＿＿＿＿＿、＿＿＿＿＿＿＿＿、＿＿＿＿＿＿＿＿、阵列、粒子云和＿＿＿＿＿＿＿＿＿＿。

　　3．3ds Max 9 提供了 6 种类型的空间扭曲，其中，＿＿＿＿＿＿＿＿＿＿＿类型的空间扭曲通常用于对几何体进行空间变形，＿＿＿＿＿＿＿＿＿＿＿空间扭曲通常与粒子系统绑定使用，用于表现粒子系统受到重力、风力、推力等外力作用的效果。

　　4．使用"几何/可变形"空间扭曲中的＿＿＿＿＿＿＿＿，可以制作出爆炸效果。

二、简答题

　　1．简述创建粒子系统的一般步骤。

　　2．简述应用空间扭曲的一般步骤。

　　3．"力"空间扭曲有哪几种类型？

三、上机操作

参照本书配套光盘上"实战"文件夹中的文件 9-3.avi，制作焰火的动画。